새 출제기준에 따른 최신판!!

화훼장식 기능사 필기·실기

저자 **김 록 영**

- ▶ 녹영꽃예술원 대표
- ▶ 홍익대학교 일반대학원 디자인공예학과 박사수료
- ▶ (사)한국꽃꽂이협회 녹영꽃예술중앙회 회장
- ▶ 성결대학교 평생교육원 화훼조형학전공(학점제) 주임교수
- ▶ 독일FDF협회 바이에른주 한국 학교장
- ▶ 국가기술자격 화훼장식기능사, 산업기사, 기사 취득
- ▶ 지방기능경기대회 화훼장식직종 심사장, 심사위원 역임
- ▶ 직업능력유공 국가산업발전 교육기관부분 국무총리상 표창
- ▶ 대한민국소상공인대회 육성공로자 중소벤처기업부장관상 수상
- ▶ 고용노동부 한국기술교육대학교 온라인평생교육원
  STEP 우수 이러닝 콘텐츠 공모전 우수상 수상(화훼장식기능사)
- ▶ 2017· 2023 MDC, SDS 방송연예, 연기대상 시상식 꽃장식 디자이너
- ▶ 제56회 전국기능경기대회 화훼장식직종 금메달지도교사
- ▶ 인하대학교, 연세대학교 강의

[저서]

- ▶ 정통유러피언교재(2017.도서출판 유니프)
- ▶ NCS기반 플로랄디자인바이블(2020.도서출판SAY)

이 책을 펴내며······

이 책은 화훼 산업의 가능성 및 역할이 증대되고 시대 및 사회적 요구의 확대로 인해 화훼장식 전문가의 양성, 도·소매 꽃가게 운영의 현대화, 화훼장식(이용)의 과학화, 그리고 체계화된 교육과 효율적인 인력 활용을 위해 일정 수준의 지식과 기술을 갖춘 사람을 양성할 목적으로 제작되었으며, 최신 국가직무능력표준(NCS)을 적용하여 출간되었습니다.

전문화되어 가고 있는 현대사회에서 고도의 기술을 요구하는 경우가 늘고 있습니다. 화훼 또한 이러한 흐름에 맞추어 빠른 속도로 생활 필수화가 되어 가고 있으며, 화훼를 이용한 장식품의 종류도 다양해지고 있기 때문에 고도의 전문성과 프로정신을 보유한 인력을 점점 요구하고 있습니다.

화훼장식기능사 전문교과서인 이 책은 전문성을 가지고 화훼류를 주소재로 실내·외 공간의 기능성과 미적 효과가 높은 장식물의 계획, 디자인, 제작, 유지 및 관리하는 기술과 관련된 모든 업무를 수행하며 산업현장에서 요구되는 맞춤형 화훼장식전문인을 양성하는데 기초토대가 될 것입니다.

전문적인 자격의 내용(시험과목, 출제기준 등)을 직무 중심의 이를 반영한 최신 실기를 수록하여 수험자들의 길잡이가 될 것입니다.

화훼장식기능사 시험정보 안내

1. 기본정보

| 자격분류 | 국가기술자격증 | 시행기관 | 한국산업인력공단 | 응시자격 | 제한 없음 | 홈페이지 | www.Q-net.or.kr |

2. 자격정보

1 화훼장식기능사 개요

화훼 산업의 가능성 및 역할이 증대되고 시대 및 사회적 요구의 확대로 인해 화훼장식 전문가의 양성, 도·소매 꽃가게 운영의 현대화, 화훼장식이용의 과학화 그리고 체계화된 교육과 효율적인 인력활용을 위해 일정 수준의 지식과 기술을 갖춘 사람을 양성할 목적으로 제정된다.

2 수행직무

화훼장식 전문성을 가지고 화훼류를 주소재로 실내·외 공간의 기능성과 미적 효과가 높은 장식물의 계획, 디자인, 제작, 유지 및 관리하는 기술과 관련된 모든 업무를 수행한다.

3 진로 및 전망

① 전문화되어 가고 있는 현대는 고도의 기술을 요구하고, 화훼 또한 이러한 흐름에 맞추어 빠른 속도로 생활 필수화되어 가고 있으며, 화훼를 이용한 장식품의 종류도 다양해지고 있어 고도의 전문성과 프로정신을 보유한 인력을 점점 요구하고 있다.
② 도소매 꽃가게의 대형화 및 전문화를 통한 전문인력의 고용능력과 창업의 증대, 호텔, 은행 등 대형 건물의 그린 인테리어로서의 활동, 조경회사, 골프회사, 화훼종묘회사, 화훼육묘회사, 화훼경매시장 등에 취업, 실내조경가, 코디네이터, 사이버플라워디자이너, 이벤트행사기획가, 전시회기획가, 화훼장식평론가 등의 프리랜서로 활약, 전문분야의 상품개발, 디스플레이 전문업, 화훼장식소재 제조업, 화훼장식소재 판매, 화훼유통업, 꽃꽂이학원의 경영, 화훼관련 경기대회 관리 및 심사위원, 각종 교육기관의 강사 등에 종사할 수 있다.

4 과정평가형 자격제도

① 과정평가형 자격이란 국가직무능력표준NCS에 기반하여 일정 요건을 충족하는 교육·훈련 과정을 충실히 이수한 사람에게 내부·외부평가를 거쳐 일정 합격기준을 충족하는 사람에게 국가기술자격을 부여하는 제도를 말한다.
② 과정평가형 자격취득 가능 종목 : 화훼장식기능사 자격의 검정방식은 기존의 검정형과 과정평가형이 병행하여 운영된다.

3. 시험정보

1 시험과목

필기	실기
① 화훼장식 재료 ② 화훼장식 제작 및 관리 → 객관식 4지 택일형 60문항(60분)	① 화훼장식 제작 실무 → 작업형(2시간 정도)

2 합격 기준

① 필기 : 100점을 만점으로 하여 60점 이상
② 실기 : 100점을 만점으로 하여 60점 이상

3 필기시험 면제

필기시험에 합격한 자에 대하여는 필기시험 합격자 발표일로부터 2년간 필기시험을 면제한다.

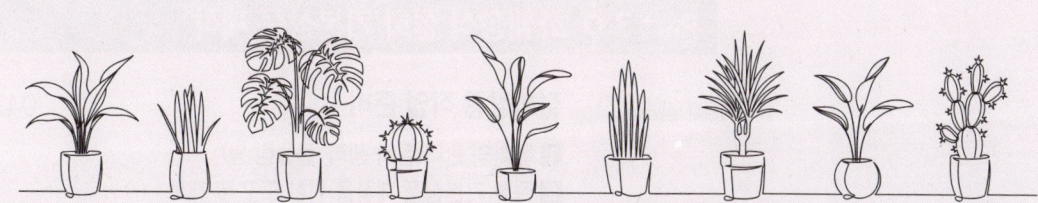

목차

화훼기능사 필기

Part 1 ○ 화훼장식의 정의 및 역사

Chapter 01 한국형 꽃꽂이의 역사와 기원 ... 012
1. 삼국시대 꽃 예술
2. 통일신라시대 꽃 예술
3. 고려시대
4. 조선시대

Chapter 02 서양형 꽃꽂이의 역사와 기원 ... 021
1. 고대 서양(고대 이집트, 그리스, 로마)
2. 유럽시대 꽃꽂이 역사

Chapter 03 화훼의 정의 및 이용 형태 ... 025
1. 화훼의 정의
2. 화훼의 이용형태

Chapter 04 꽃의 형태분류 ... 029

Part 2 ○ 화훼장식 절화상품 재료 구매

Chapter 01 절화시장조사 ... 034
1. 화훼시장
2. 실행예산 수립

Chapter 02 절화상품 재료 구매 ... 038
1. 구매계획서
2. 거래명세서
3. 검수 확인

Part 3 ○ 화훼장식 절화 기본상품 제작

Chapter 01 절화상품 작업 준비 ... 042
1. 절화의 관리(절화 생리, 물올림 등)
2. 절화 기본상품 제작을 위한 도구 및 재료
3. 절화상품 용기
4. 절화상품 고정방법
5. 절화장식의 종류와 특성
6. 꽃꽂이의 종류 - 한국 꽃꽂이 / 서양꽃꽂이

7 절화 화훼식물의 조형
　　　8 절화 화훼장식의 표현기법 및 와이어링 기법
　　　9 화훼 디자인요소 및 원리
　　　10 색채학

Chapter 02　**꽃다발 제작**　　　　　　　　　　　091
　　　1 꽃다발
　　　2 꽃다발 종류와 특성
　　　3 꽃다발 제작(배열방법)

Chapter 03　**꽃바구니 제작**　　　　　　　　　　094
　　　1 꽃바구니
　　　2 꽃바구니 기초작업
　　　3 꽃바구니 종류와 특성

Chapter 04　**꽃꽂이상품 제작**　　　　　　　　　　096
　　　1 센터피스
　　　2 코사지
　　　3 부토니어
　　　4 리스
　　　5 작업공간정리

Part 4　화훼장식 절화상품 포장

Chapter 01　**절화상품 글씨리본 제작**　　　　　　104

Chapter 02　**절화상품 장식리본 제작**　　　　　　109

Chapter 03　**절화상품 포장**　　　　　　　　　　113

Chapter 04　**절화상품 마무리**　　　　　　　　　119

Part 5　화훼장식 분화 상품 제작

Chapter 01　**화훼장식 분화 상품 제작**　　　　　　126
　　　1 분화상품재료 분류하기
　　　2 분화의 분류
　　　3 분화상품 작업 준비하기
　　　4 뿌리와 토양
　　　5 분화상품 제작하기
　　　6 식물의 생활환
　　　7 식물의 휴면

목차

Part 6 ○ 화훼장식 상품 관리

Chapter 01 화훼장식 상품 관리 148
1. 절화상품 관리
2. 분화상품 관리
3. 가공화상품 관리
4. 대여상품관리

Part 7 ○ 화훼장식 상품 판매

Chapter 01 고객 응대 160
1. 고객관리
2. 고객카드

Chapter 02 매장 외 판매 163
1. 판매촉진 관리의 의의
2. 상품 홍보
3. 매체 구분에 따른 홍보

Part 8 ○ 화훼장식 배송 유통관리

Chapter 01 화훼장식 배송 유통관리 168
1. 유통의 역할과 기능
2. 화훼의 유통단계
3. 수확
4. 화훼의 유통경로

Chapter 02 도매시장의 기능 171

Chapter 03 품질의 기준 및 평가 173
1. 품질 평가와 등급

화훼기능사 실기

Part 1 ○ 과제1 구조물 핸드타이드 50분

- 01. 반구형   180
- 02. 원추형   184
- 03. 코사지   188

Part 2 ○ 과제2 서양꽃꽂이 30분

- 01. 대칭삼각형   194
- 02. 수평형   197
- 03. 부채형   200
- 04. 수직형   203
- 05. L형   207
- 06. 반구형   210
- 07. 역T형   213

Part 3 ○ 과제3 동양꽃꽂이 30분

- 01. 직립형(바로세우는 형)   218
- 02. 경사형(기울이는 형)   221

화훼장식기능사 실기 예제 작품 모음   224

화훼장식기능사 필기시험 기출문제

- 01. 화훼장식기능사 5년간 기출문제   228
- 02. 화훼장식기능사 최신 출제예상문제   273

PART 1
화훼장식의 정의 및 역사

화훼장식기능사 **필기편**

chapter 01
한국형 꽃꽂이의 역사와 기원

1 삼국시대 꽃 예술
2 통일신라시대 꽃 예술
3 고려시대
4 조선시대

chapter 02
서양형 꽃꽂이의 역사와 기원

1 고대 서양(고대 이집트, 그리스, 로마)
2 유럽시대 꽃꽂이 역사

chapter 03
화훼의 정의 및 이용 형태

1 화훼의 정의
2 화훼의 이용 형태

chapter 04
꽃의 형태분류

Chapter 01

한국형 꽃꽂이의 역사와 기원

'반만년의 유구한 역사'를 가진 우리나라는 구석기시대부터 시작이 되었으며 오랜 시간을 통해서 우리나라 꽃꽂이 역사도 종교·문화·관습에 따라 발전하기 시작했다. 그 흔적은 다양한 역사적인 자료를 통해서 짐작할 수 있다. 단군신화의 신단수는 고대문화에서 흔히 발견되는 천신이 내리기에 '신성한 나무였다'라는 것이나 사회학적으로 제천 행사와 제천 행사장소 또는 민간 신앙에서 '신이 내린다'라는 뜻은 그 의미가 일맥상통하며 이는 수목숭배 사상으로 넓은 의미는 자연 숭배·식물 숭배로 우리의 삶 속에서 계절의 도래나 우주의 변화를 의미 있게 하여 그 뿌리가 깊어 지금 현재까지도 밀접한 연관이 이어지고 있다. 처음 불교가 우리나라에 전래된 서기 372년 고구려 때 중국을 통해서 들어온 불교는 그 영향으로 불교 꽃꽂이가 시작되었음을 역사적인 유례를 찾아볼 수 있다. 우리 선조들은 주로 실내 장식으로는 절화를 가지고 꽃꽂이를 많이 하였고, 실외장식으로는 분식물을 이용한 분재 위주로 생활 속에서의 모습을 문헌이나 옛 흔적에서 찾아볼 수 있다.

1 삼국시대 꽃 예술

① 고구려

고구려에 불교가 전래된 것이 서기 372년, 소수림왕 2년이지만 이불란사伊佛蘭寺나 초문사肖門寺가 375년에 건립되었으므로 불교 꽃꽂이의 시작으로 보고 있다.

- 불교가 전래하기 전 357년경의 불교의 영향을 받은 안악 3호분에 연꽃무늬蓮花紋와 무용총의 공양도供養圖나 쌍영총의 행렬도行列圖 같은 고분벽화에도 불교적 영향을 받

은 그림들이 많이 있다.

- 쌍영총 주실 북벽 상단의 꽃꽂이[그림 1-1]는 상당한 수준의 조형미를 갖추고 있으며, 삼실총三室塚에는 연꽃에서 탄생하는 그림이 등장하고, 5세기 말 내지 6세기 초부터 6세기 말까지는 통구通溝 17호 무덤처럼 연꽃에서 탄생하는 그림이나 안악 2호분 동벽비천도에서는 수반에 꽂힌 연꽃의 굵고 가는 선을 자유자재로 구사하고 있으며 선과 공간의 처리가 자연 묘사적으로 표현되고 있다. 또한 6~7세기경의 강서 대묘의 현실 천장 비천도[그림 1-2]에서 꽃잎을 흩날리며 하늘을 나는 선녀들의 모습이 그려져 있다.

[그림 1-1] 쌍영총 고분 주실 북벽 벽화

[그림 1-2] 강서대묘 현실북벽의 비천상

② 백제

백제는 침류왕枕流王 원년, 서기 384년에 불교가 전래되었고, 385년에 절을 지었으므로 이 해를 불교 꽃꽂이가 시작된 해로 보고 있으며, 고분 벽화인 공주의 송산리 벽화나 부여의 능산리벽화, 무녕왕릉에서 출토된 나무베개頭枕에 그려진 조각 그림의 양식은 유연하고 아담스런 수법을 보여 주고 있으며, 사신도와 베개에 나오는 비천도飛天圖나 연꽃, 인동무늬도忍冬紋 등 모든 그림이 유려하게 처리되었다.

③ 신라

신라에서는 527년에 불교가 전래되었고 544년에 신라 최초의 대흥륜사大興輪寺가 창건되면서 불교꽃꽂이가 시작되었다고 보아야 할 것이다. 고신라의 불화로는 금관총이나 금영총에서 출토된 칠기에 그려진 연꽃무늬, 천마총 칠기에 그려진 연꽃무늬와 영주 순흥묘順興墓의 연꽃무늬 등이 있다.

2 통일신라시대 꽃 예술

- 통일신라시대, 즉 남북조시대는 7세기 후기부터 10세기 전기까지였으며 불교가 가장 번창한 시대였다. 후대에 화원畵院이나 도화서圖畵署 등으로 불리던 관청으로 그림을 관장하는 채전彩典이라는 기관을 두었고 여기에는 다수의 화승畵僧들도 소속되었으며, 솔거奉居도 여기에 소속된 화승이었을 것이다.
- 652년 진덕여왕 6년에 창건된 지금의 신흥사 대웅전 기단의 돌로 쌓은 면석 돌조각에는 여러 송이의 꽃으로 이루어진 공화 형식을 볼 수 있으며 8세기에 조성된 경주 석굴암의 십일면관음보살상[그림 1-3]에서는 원초적인 구성의 공화를 볼 수 있다.

[그림 1-3] 석굴암 십일면관음보살 입상

3 고려시대

- 서기 918년부터 1392년까지의 고려 475년은 불교를 정식 국교로 정하였던 시대로 가장 오래된 것으로 1006년의 감지금니로 서사書寫한 하늘과 땅에 뒤덮인 꽃과 구름을 배경으로 세 천녀天女가 서 있는 대보적경 제32권 변상도에는 정연하게 뿌려지고 심어진 산화와 잡화를 볼 수 있다.
- 현재까지 전해지고 있는 고려불화는 고려 후기인 12세기 말부터 고려 말까지의 것들로, 꽃 그림이 잘 표현된 벽화로는 수덕사 대웅전의 야생화도와 수생화도가 있다. 원래 조선 초기에 그려진 벽화이었지만 수리 때 조선 초기 벽화의 한 겹 밑에서 불·보살·비천飛天·꽃 등 다양한 고려 때의 벽화들이 발견되어 임천林泉씨에 의해 묘사되었다. [그림 1-4]

- 수덕사와 국립중앙박물관에 의해 전해 내려오는 공양화供養畵의 모사도에는 연꽃 모양의 수반에 한 무더기의 기화요초들이 탐스럽게 담겨 있다. 활짝 핀 봉오리와 잎 그리고 줄기 등이 어우러진 기화요초들이 좌우대칭을 이루면서 다양하게 질서와 조화의 아름다움을 보여 주고 있는데, 이것은 수월관음도에 나타나 있는 연못 속 한 무더기의 기화요초와 흡사하다.

- 해인사 대적광전 꽃바구니 벽화는 꽃을 담은 바구니의 형태나 꽃 작품과 조화를 시킨 수석의 처리, 색과 꽃으로 대비적으로 처리하면서도 공간의 처리가 뛰어난 그림으로 많이 알려져 있다.

- 혜허慧虛가 그린 버들관음[그림 1-5]은 화면의 중심에 관음보살이 서 있으며 이 보살을 버들잎 모양의 광배가 둘러싸고 있다. 보살이 연꽃대좌 위에 사뿐히 올라서서 오른손에 버들을, 왼손은 감로병甘露甁을 들고, 오른쪽 구석의 선재동자를 내려다보고 있고, 합장한 선재동자는 관음을 우러러보고 있는데, 화려한 꽃들로 좌우대칭을 이룬 꽃다발이 관음과 선재동자 사이를 연결해 주고 있다.

[그림 1-4] 수덕사 대웅전의 수생화도

[그림 1-5] 버들관음

- 1323년 서구방徐九方이 그린 수월관음도는 바닷가 기암 위에 비스듬히 걸터앉은 관음보살이 전 화면을 가득 메우고 뒤로는 대나무 한 쌍이 원경을 이루고 있다. 관음보살의 오른쪽 손에는 염주를 잡고 있으며 이 손 옆 바위 낭떠러지 위에는 바위와 자연스럽게 조화를 이루면서 투명한 수반이 놓여 있고 그 위에 청자정병을 올려놓았다. 가공하지 않은 버들가지 한 송이가 꽂혀 간결한 표현의 단색 효과를 더하고 있다. 정병은 고려시대의 전형적인 청자정병으로 표면에는 국화 문양이 그려져 있고 투명한 유리접시 같은 수반은 테두리가 금으로 그려져 있는데 이는 당대의 화기 배치를 살

펴볼 수 있는 좋은 예이다.
- 14세기 초의 불화로, 1306년에 그려진 아미타여래도의 아미타삼존불 그림에서 설법을 구하는 선재동자 앞에 수월관음도에서와 같은 양식의 꽃다발은 꽃과 색이 좌우로 대칭이 되도록 양감을 주어 꽂았다.

[그림 1-6] 버들관음

[그림 1-7] 오백나한도

- 오백나한도[그림 1-7]에서도 세 송이로 삼각구도를 이룬 공화를 볼 수 있는 관무량수경의 내용을 그림으로 압축 묘사한 관경변상도는 이경이 설해지는 동기를 그린 관경서품변상과 16관觀을 그린 본변상 두 가지 내용으로 그려져 있다.
- 일본 서복사 소장의 관경변상도는 일상관日想觀 이하 12관을 모두 작은 원형의 구도 안에 압축하여 묘사하였다. 보수寶樹와 구름으로 구획된 일상관 부분에는 이를 둘러싸고 비천과 기화요초와 화광들이 장엄하게 묘사되어 있다. 석가세존을 중심으로 정면에 성불을 상징하는 활짝 핀 모란을 중심으로 좌우대칭으로 흰색과 녹색으로 대비적인 색상을 표현하였으며 세존의 오른쪽에도 같은 형식의 야생화로 된 공화를 배치하였다. 왼쪽에는 유사한 색상의 수생화로 된 공화를 배치하여 세존을 중심으로 앞과 좌우에 배치하는 양식으로 표현하였다. [그림 1-8], [그림 1-9]
- 통일신라시대 이후 화엄경을 그린 대방광불화엄경과 법화경을 그린 묘법연화경의 사경寫經에서 꽃그림을 볼 수 있으며, 부모은중경 변상 역시 판화인데 이후 조선시대에 크게 유행한 부모은중경 변상의 밑그림으로 그 의의가 자못 깊은 것이다.
- 특히 꽃꽂이를 표현한 조각으로 유명한 것은 강화도 정수사의 꽃살문을 들 수 있다. 대웅전 어간御間：中央의 문 네 짝에 모두 꽃을 꽂은 모양을 양각陽刻했다.

[그림 1-8] 관경변상도

[그림 1-9] 관경변상도

4 조선시대

① 조선시대 역사와 특징

조선시대의 꽃 장식은 유교사상의 영향을 받았으며 고려시대의 화려함보다는 간결하고 소박함을 즐겼다. 이는 유교사상의 영향으로 정갈하고 깨끗하면서 겸허한 기풍이 그 바탕이 깔려 있기 때문이다. 또한 조선시대에는 여러 문헌 속에서 꽃과 꽃꽂이의 본질, 꽃꽂이 작품의 구체적 요소에 대한 귀중한 기록들이 출현하게 된다. 조선시대의 꽃꽂이는 대칭, 균형, 조화, 대비 등 형식미를 조화시키면서도 자연의 본질적인 미를 가장 중시하였다. 지나친 기교나 인공미, 규범화를 꺼렸으며 과장이나 화려함이 없는 중용의미를 취하였다. 꽃의 용도가 다양해지며 사람들의 일상생활 속에 깊숙이 자리 잡게 되었다. 또한 꽃꽂이의 정신적 가치도 중요시되어 꽃꽂이의 창조와 감상에 높은 가치가 부여되어 있었다. 『성소부부고惺所覆瓿藁』의 "차를 곁들여 꽃을 감상하는 것은 최상이고 이야기를 곁들여 꽃을 감상하는 것은 그다음이고 술을 곁들여 꽃을 감상하는 것은 최하이다."라는 기록이 그 증거이다. 궁중에서의 꽃생활이 확대됨에 따라 이를 담당하는 관직이 생기게 되었으며, 조선시대의 전문적인 꽃 담당관직으로 화장花匠과 분화관盆花官이 있었다.

② 꽃에 관한 전문서적

[그림 2-1] 양화소록

- 양화소록養花小錄

  세종 때의 명신 강희안이 지은 일종의 원예서로 예로부터 사람들이 완상玩賞하여 온 꽃과 나무 16종을 들어 그 심고 옮김의 묘법, 습도, 온도, 물주기, 가꾸고 북돋우고 거두어들이기의 기술을 설명한 것이다. 기술을 천시하던 당시의 학풍을 생각해 볼 때 조선 초기에 나온 하나의 실학적인 저술로 높이 평가되어야 할 것이다. 이 책은 현존하는 꽃에 대한 우리나라 최초의 전문서적이라고 할 수 있다.[그림 2-1]

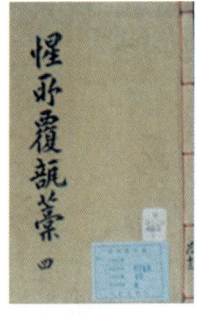

[그림 2-2] 성소부부고

- 성소부부고惺所覆瓿藁

  허균이 지은 이 책은 그의 많은 저작 중 하나인 문집으로 그 중 『한정록閑情錄』 17권에 주로 꽃꽂이에 관한 글이 보인다. 그 내용을 살펴보면 인引, 화목花目, 품제品第, 기구器具, 택수擇水, 의칭宜稱, 병속屛俗, 화수花崇, 세목洗沐, 사령使令, 호사好事, 청상淸賞, 감계監戒 등의 항목으로 나누어 설명하고 있다.[그림 2-2]

[그림 2-3] 산림경제

- 산림경제山林經濟

  홍만선은 인조 21년에서 숙종 41년의 학자이다. 『산림경제』 중 4권의 양화養花편에서는 잡법, 비토를 만드는 분종화수법, 최화법, 수장법, 물 주는 법외에 30종류에 가까운 목류와 초화류의 양화론이 소개되어 있다.[그림 2-3]

- 증보산림경제 增補山林經濟

『증보산림경제』는 16권 12책의 필사본으로 1766년 영조 42년에 완성했다. 저자인 유중림은 본관이 문화이고 호는 문성으로 태의원 의약과 내의를 지낸 사람이다. 이 저서는 홍만선의『산림경제 山林經濟』16항목을 23항목으로 늘리고 첨삭하였으며 각 항목 내에서도 세항목 細項目 을 만들어 일목요연하게 정리, 증보하여 간행한 농사요결서이다.『증보산림경제』의 양화 養花 조에는 꽃과 나뭇가지를 꺾어 병에 꽂아 오래가게 보존하는 방법인 삽병법 揷瓶法 이 기록되어 있다.[그림 2-4]

[그림 2-4] 증보산림경제

- 오주연문장전산고 五洲衍文長箋散稿

이규경이 지은 일종의 백과사전으로 이 책에는『계신잡지』,『서호지록』,『향조필기』,『병사』,『화경』,『군방보』,『본초강목』,『품초태설』,『병화보』,『병사월표』등 중국의 꽃에 대한 책들이 소개되어 있어 당시 꽃꽂이의 수준과 중국과의 교류 상황을 알려 주는 중요한 자료가 되고 있다. 꽃을 피우게 하는 법, 장화, 갈고최발 羯鼓催發 등의 방법과 세포, 왜초 등의 변종작출법, 제철 뒤에 꽃을 피우게 하거나 핀 꽃을 오래가게 하는 방법 등에 관하여 상세하게 언급하고 있다.[그림 2-5]

[그림 2-5] 오주연문장전산고

- 동국세시기 東國歲時記

이 책은 우리나라의 연중행사 및 풍속을 설명한 것으로 홍석모의 저작이라 전한다. 정월부터 12월까지 일 년간의 행사, 풍속을 23항목으로 분류하고 어느 날의 것인지 분명하지 않은 것은 월내라 하여 그달의 끝에 몰아서 설명했다. 그리고 마지막에 윤달에 관계되는 것도 실었다. 이 책에는 꽃에 관계된 세시풍속에 대한 자료가 다른 책들에 비해 많아서 꽃꽂이 역사에서 빼놓을 수 없는 자료로서의 중요성을 갖고 있다.[그림 2-6]

[그림 2-6] 동국세시기

- 임원십육지 林園十六志

[그림 2-7] 임원십육지

임원경제지 혹은 임원경제십육지라고도 하며 저자는 서유구이다. 이 책에서 꽃꽂이에 관한 것을 살펴보면 병품조에서는 꽃꽂이에 사용되는 기명을 설명하고 있고 화품조에서는 꽃을 여러 등급의 품격으로 나누어 일품구명에서 구품일명까지 분류하고 있다. 절지조에서는 가지 꺾는 방법에 대해 상세히 기술하고 있으며, 특히 가지의 선택과 정리의 기준으로서 조화와 균제의 원리를 제시하고 있다. 이는 한국 전통꽃꽂이의 한 특징을 나타낸다는 점에서 높이 평가될 만하다. 또한 삽저조에서는 꽃꽂이의 조형미에 대한 논술과 아울러 꽃을 꽂는 구체적인 방법까지 언급하고 있다.[그림 2-7]

Chapter 02

서양형 꽃꽂이의 역사와 기원

　언어가 발달하지 않을 때부터 인간은 희로애락을 표현하는 수단으로 꽃을 사용하게 되었으며 국가나 민족의 종교의식과 기념행사는 물론 생활양식과 예술의 발달 건축양식에 따라 감상의 용도와 바디플라워 장식용 또는 꽃을 선물하는 행위가 관습으로 자리 잡고 있다.

　플라워 디자인에 영향을 끼친 역사적 시기는 5000년 전 고대 문명의 발상지인 이집트시대는 꽃과 잎사귀 등을 사용하였고 단순하고 반복적인 스타일로 균형과 조화를 이루었다. 그리스 시대에는 화관·화환 등으로 화관은 충성과 헌신의 상징이었고 화환이나 꽃목걸이레이 : Lei는 결혼식 장식으로 하였으며 이 시기에 소개된 원뿔모양의 코르누코피아cornucopia는 풍요의 상징으로 가을 추수나 추수감사절에 사용되었다.

　로마시대는 그리스와 비슷하였으나 향기 있는 꽃을 선호하고 색채가 풍부한 시대로 꽃장식은 강력한 힘과 권력의 상징이었다. 비잔틴 시대는 대칭적 형태가 잡힌 나무 모양의 비잔틴 콘이 등장했다.

　유럽문화시대는 플라워 디자인 양식에 많은 영향을 준 유럽시대는 중세A.D. 476~1400, 르네상스A.D. 1400~1600, 바로크A.D. 1600~1775, 네델란드 플랑드르A.D. 1600~1750, 프랑스 시대 A.D. 1600~1814를 거쳐 영국 조지아 시대A.D. 1714~1760에 이어 빅토리아 시대A.D. 1830~1901로 나누어진다.

1 고대 서양(고대 이집트, 그리스, 로마)

이집트 2800BC-28BC	종교적 의식, 가정생활의 의식, 개인적인 장식 등이 이루어졌다. 꽃 장식의 형태는 화관, 리스, 갈란드가 있었고 색채는 주로 삼원색이 사용했지만 다른 색채 조화도 사용하였다. 꽃과 과일을 일정한 질서로 배열하였으며 색상은 빨강, 노랑, 파랑을 사용하여 강한 색상대비를 이루었다. 또한 연꽃이나 수련을 은화기에 꽂았다.
그리스 600BC-146BC	종교적 의식과 전통에 의해 이루어진 시기이다. 꽃 장식의 형태는 화관, 리스, 갈란드목에 거는가 있었고 리스는 충성과 헌신의 상징으로 칭송하는데 사용했고 갈란드와 리스는 결혼식에 사용했고 풍요의 상징인 코르누코피아 cornucopia는 꽃, 과일, 채소를 이용하여 추수감사절에 사용했다.
로마 28BC-AD325	꽃을 교회 장식이나 교회에서 일어나는 일을 축하는 용도로 사용했다. 리스와 갈란드를 만들어 사용했고 색채는 밝은색의 향기로운 꽃을 선호했다. 축제와 기념일에는 장미꽃과 꽃잎을 연회 테이블과 길거리 호수 등에 뿌렸다. 자연적인 꽃묶음도 이 시기에 있었고 동로마제국인 비잔티움 도시국가의 이름에서 유래된 대칭적이고 형태를 갖춘 원추형이 있었으며 토피어리 형태로 이 시기에 시작됐다. 현대에는 비잔틴콘이란 이름으로 발전되어 왔다.

2 유럽시대 꽃꽂이 역사

르네상스 AD1400-1600	- 인본주의가 생겨났고 사후세계가 아닌 현존하는 개인존중 사상이 시작되었다. - 건축 양식의 형태는 타원형, 원형이 존재했고 아치형의 지붕과 타피제리언 Tapisserien 장식과 필라스터 Pilaster 장식을 사용했다. - 꽃장식의 형태는 갈란드, 훼스톤, 리스가 유행하였고 풍요로운 장식적인 꽃다발이 만들어졌다. 용기로 도자기 꽃병이 나오기 시작했다.
바로크시대 AD1600-1750	- 이 시대의 특징은 활 모양의 곡선이 건축에도 나타났다는 점이다. 모든 장식품, 장신구가 활모양의 곡선으로 만들어졌고 많은 예술품이 석고화되어서 나왔다. 분리되었던 벽들이 한 곳에 합쳐서 과장되고 환상적인 실내장식이 만들어졌다. - 최초로 대칭이 아닌 비대칭 곡선S자형과 초승달형도 사용하였고 S자형은 영국의 예술가인 윌리엄 호가스의 이름을 빌어 호가스 곡선이라고 칭했다. - 꽃장식의 형태는 여자들의 장식화로 많이 사용하였고 처음 꽃으로 향수를 개발했고 꽃 모양 도자기도 만들어 냈다. 꽃은 풍요롭고 화려한 모습의 꽃들도 많았다.

영국조지왕조시대 AD1714-1760	- 18세기 영국에서 바로크시대는 조지왕 1-3세의 이름을 따서 영국 조지 왕조시대라고 말한다. 이 시기에 런던 시대가 현대적인 위생 관련 시설이 갖추어지지 않은 시기였기 때문에 비위생적인 환경으로 인한 악취와 오염이 심한 시기였다. - 이 시대 사람들이 악취로부터 벗어나기 위한 방법으로 작은 형태의 꽃다발을 가지고 다니게 되었는데 이 꽃다발을 노즈게이라 했다. 노즈게이는 지금도 핸드타이드 형태의 기본으로 남아 있으며 조지왕 시대에는 향수를 대신한 역할과 전염병을 예방할 수 있다는 예방책으로도 이용되었다고 한다.
로코코시대 AD1730-1780	- 후기 바로크 시대에 포함되는 프랑스 루이 15세의 시기로 로코코의 기원은 일그러진 소라고둥에서 유래되었다. 로코코는 프랑스의 인테리어 스타일로 시작하여 실내장식이 그 주된 것이었다. - C라인과 S라인의 과장된 곡선의 흐름이 이 시대에 유행하였고 실내장식은 가볍고 우아하게 변하였다. 파스텔과 같이 부드럽고 엷은 색조의 꽃과 백색, 청록색, 청자색 등의 푸른 계통의 색과 펄 핑크, 금색 등의 도자기 그릇을 선호하였다. 장식은 호화스럽고 화려하였으나 회화나 벽지, 의복에 꽃의 패턴을 많이 이용하였다.
빅토리아시대 AD1837-1901	꽃과 식물을 많이 재배했던 시기이다. 꽃꽂이를 가르치고 꽃으로 장식하는 것을 인식하였던 시대이다. 꽃장식의 형태는 타원형의 가득 채운 듯한 꽃 장식을 하였고 노즈게이도 인기가 있어서 많이 만들었다. 꽃의 수명을 연장시키기 위한 수단으로 부케 홀더가 개발되었다.
19세기 AD1780-1910	- 건축은 파리의 에펠탑이 이 시대에 만들어졌다. 정원이 커지면서 관상용 나무와 유실수도 많이 재배했다. 꽃장식의 형태는 1860년대부터 신부부케가 만들어졌고 절화로 쓰기 위한 꽃을 재배해서 꽃다발, 바구니, 월계수관을 만들었다. 갈란드와 Feston이 만들어졌고 리스는 월계수와 풍요로운 나무로 만들었다. 여러 가지 형태의 꽃다발이 발전되었다. - 비더마이어, 헬레부케접시모양, 이탈리아식 느슨한 둥근 다발, 부활절 꽃다발이 만들어졌고 추수감사절 리스열매, 꽃사용, 풍요로운 코르누코피아cornucopia도 만들어졌다.
유켄트스틸 AD1900-1915	유켄트 스틸은 독일 잡지 유켄트에서 유래했다. 식물을 장식적으로 추상화하고 가늘고 긴 선과 꽃무늬가 유행했다. 이 시대를 영국에서는 모던 스타일, 프랑스에서는 아르누보, 독일에서는 유켄트 스타일이라 했다.
현대 AD1920-	20세기 이후는 새로운 미를 창조하는 디자인을 묘사하는 용어와 미국식 디자인, 유럽식 디자인과 동양적인 선과 공간을 살리는 디자인이 공존하고 있다. 현대에는 다양한 미술 영역의 영향으로 화훼장식에도 기하학적 디자인의 빠른 변화를 가져오고 현대적인 작품으로 발전되어 가고 있다.

기출문제

★1. 유럽의 절화장식에서 꽃의 자연건조나 누름건조, 꽃그림 그리기, 조개, 왁스, 깃털, 구슬 등으로 조화를 만드는 기술이 교육되었던 시기로 옳은 것은?

① 르네상스 시대
② 빅토리아 시대
③ 바로크 시대
④ 영국 조지 시대

| 해설 |

빅토리아 시대 : 꽃과 식물을 많이 재배했던 시기이다. 꽃꽂이를 가르치고 꽃으로 장식하는 것을 인식하였던 시대이다. 꽃장식의 형태는 타원형의 가득 채운 듯한 꽃장식을 하였고 노즈게이도 인기가 있어서 많이 만들었고 꽃의 수명을 연장시키기 위한 수단으로 부케 홀더가 개발되었다.

★2. 영국 조지아 시대(AD 1714~1760)에 꽃의 향기가 전염병을 예방해 주는 것으로 인식되어 손에 들고 다녔던 것은?

① 포푸리
② 코사지
③ 노즈게이
④ 갈란드

| 해설 |

- 포푸리 : 건조시킨 방향성 식물의 꽃, 잎, 줄기, 열매 뿌리 등의 방향성 부위를 건조시켜 수개월 숙성시킨 허브를 고정제에 정유를 첨가하여 만든 것을 말한다.
- 코사지 : 여성의 왼쪽 가슴이나 어깨에 주로 장식하는 꽃장식으로 여성의 의상에 악센트를 주고, 그 축제의 주제를 돋보이게 하는 꽃과 잎, 기타 액세서리 등의 묶음을 말한다.
- 갈란드 : 고대 이집트, 로마 시대부터 사용되었던 것으로 절화, 절엽 등을 길게 엮은 꽃줄을 말한다.

answer   1. ②   2. ③

Chapter 03

화훼의 정의 및 이용 형태

1 화훼의 정의

1) 화훼

화훼란 관상을 대상으로 하는 초본식물뿐만 아니라 화목과 정원수, 산야의 야생초, 때로는 일부 과수나 채소도 포함시킨 것으로 관상식물이라고도 한다.

재배·생산하는 목적과 양식에 따라서 생산화훼·전시화훼·취미화훼로 구분된다.

2) 화훼원예

화훼원예란 채소, 과수와 같이 화훼를 관상용 화초를 원예작물로 재배한다는 뜻인데, 화훼원예란 Floriculture로서 라틴어의 flori와 culture의 합성어이다.

① 화훼의 통속적인 특성은 아래와 같다.
- 대상되는 종류와 품종수가 대단히 많다.
- 경영상 집약성이 높고 재배기술이 고도화되어 있다.
- 문화와 후생적인 사명을 가지고 있다.
- 화훼는 세계적으로 같은 품종을 이용하며, 기호도가 국제적으로 비슷하기 때문에 국제적인 성격을 가지고 있다.

3) 화훼원예학

화훼의 생산을 중심으로 화훼식물의 분류특징, 재배관리, 번식, 품종개량, 병충해 방제를 계통적으로 연구하는 학문을 화훼원예학이라 한다.

2 화훼의 이용형태

1) 생산화훼

대량의 화훼장식용 절화·절엽·절지·분식물을 합리적으로 생산하기 위하여 우량종묘도 개량하고, 때로는 수경재배에 의한 절화도 생산되고 있으며, 구근·분재 등을 재배 생산하고 있다.

① **절화** : 절화용으로 생산되는 화훼는 꽃의 형태와 색상 그리고 크기가 다양하고 아름다우며 꽃줄기가 길고 수명이 길어야 한다.
- 1·2년생 초화류 : 고데티아·과꽃·금어초·스위트피·스토크·아게라텀·해바라기
- 구근류 : 글라디올러스·달리아·라넌큘러스·리아트리스·백합·수선화·아이리스·칼라·튤립·프리지어·히아신스
- 숙근류의 초본식물 : 거베라·극락조화·델피니움·안개초·안스리움·원추리·은방울꽃·작약·카네이션
- 화목류 : 개나리·동백나무·라일락·매화·목련·부겐빌리아·수국·장미·조팝나무·포인세티아

② **절지** : 화훼장식에서 디자인의 골격을 만들거나 선을 주소재로 혹은 공간을 메우는 부소재로 사용된다.
- 절지 : 노박덩굴·다래덩굴·담쟁이덩굴·덩굴장미·등나무·부겐빌레아·삼지닥나무·정금나무·버드나무·으름덩굴·인동덩굴·조팝나무·철쭉·청미래덩굴·태산목·편백·포도덩굴·화살나무

③ **절엽** : 다양한 잎이 모양이나 색상·무늬 등이 감상의 대상으로 절화나 절지를 주 소재로 한 디자인에서 변화를 주거나 마무리, 또는 배경을 위한 소재로 사용되고 있다.
- 절엽 : 갤럭스·고무나무·네프로레피스·동백·드라세나·루모라·몬스테라·미리오글라더스·스킨답서스·스프렌게리·아레카야자·아이비·엽란·크로톤·플루모서스

④ **건조소재** : 꽃뿐만 아니라 잎·줄기·뿌리·나무껍질·버섯·이끼 등 온갖 소재가 이용되고 있다. 댑싸리·버드나무·삼지닥나무·탱자나무 등은 착색 또는 탈색시켜 사용한다.

- 꽃과 이삭류 : 라그러스 · 밀 · 밀집꽃 · 보리 · 아킬레아 · 장미
- 허브와 향신료 : 계피 · 라벤더 · 로즈마리 · 오레가노 · 월계수 잎 · 유향 · 정향
- 잎 : 라피아 · 미리오글라더스 · 사라세니아 · 속새 · 유칼립투스 · 종려나무
- 나뭇가지, 덩굴 : 다래덩굴 · 등나무 · 버드나무 · 삼지닥나무 · 칡 · 화살나무
- 열매 : 꽈리고추 · 솔방울 · 연밥 · 해바라기 등과 이끼 · 버섯 등 모든 종류의 식물이 이용된다.
- 줄기 : 까치밥나무 · 다래덩굴 · 댑싸리 · 버드나무 · 청미래덩굴 · 칡 · 탱자나무

⑤ **분식물** : 아름다운 꽃을 감상하기 위한 관화식물, 늘 푸른 잎을 감상하기 위한 관엽식물, 열매를 관상하는 과실식물이 있다. 관화식물에는 난류가 가장 많이 이용되며, 키가 작은 1 · 2년생초 · 숙근초 · 구근류와 같은 초본식물과 키가 작고 모양이 아름다운 화목류도 이용되고 있다.

- 잎을 주로 감상하는 식물 : 관엽식물 · 다육식물 · 방향성식물 · 식충식물 등
- 분식물 : 난류와 선인장류 · 철쭉 등과 관엽식물 중 고무나무 · 관음죽 · 드라세나 · 벤자민고무나무 · 소철 · 아레카야자 · 종려죽 · 파키라 · 팔손이나무 · 행운목

⑥ **화단묘** : 시가지의 녹화, 환경보전 등 생활환경 미화를 위해 생산되는 뿌리가 작은 식물체를 말한다. 화단묘의 생산은 재배기간이 짧기 때문에 복합적 및 겸업적 화훼경영이 가능하다. 생산비가 적게 들고 자본의 회수가 빠르며, 노력이 단기간에 집중되는 특징이 있다.

- 화단묘 : 국화 · 금어초 · 금잔화 · 꽃베고니아 · 꽃양배추 · 데이지 · 매리골드 · 맨드라미 · 베고니아 · 사피니아 · 샐비어 · 시레나리아 · 제라늄 · 튤립 · 팬지 · 페튜니아 · 프리뮬러

⑦ **종묘** : 식물의 번식, 생육의 근원이 되는 종자와 묘목으로 종자를 비롯하여 뿌리 · 줄기 · 잎 등 영양기관의 일부가 변형된 것 등이 쓰이고 있다.

2) 취미화훼

취미적으로 화훼를 재배하는 일로 주로 분식물과 분재가 주종을 이루며, 국화 · 양란 · 장미 · 선인장류의 재배가 많다. 특히 국한된 소범위의 품종을 재배하는 사례가 많아 극

히 분화되고 기술면에서도 매우 전문화되어 있다. 기술의 진보로 영리 재배로 변하는 경우도 많다.

3) 후생화훼

표본화훼나 후생화훼와 같은 전시화훼는 가로·공원·식물원·광장 등에 교육 및 환경 조성을 목적으로 화훼식물을 재배·장식하는 것이다. 표본온실을 건축하여 국내외의 많은 식물을 수집하여 재배하면서 연구 활동을 하고 전시를 통하여 교육·계몽하는 것을 말한다.

후생화훼는 최근 원예치료와 향기치료 등이 발달하여 각광을 받고 있다.

Chapter 04

꽃의 형태분류

꽃은 그 생긴 형태에 따라서 네 가지의 형태, 즉 라인 플라워line flower, 매스 플라워mass flower, 폼 플라워form flower, 필러 플라워filler flower로 나눌 수 있다. 꽃뿐만 아니라 모든 종류의 잎이나 관엽식물도 이 네 가지 형태에 속한다. 또한 모든 종류의 잎이나 관엽식물도 이 네 가지 형태를 잘 나타내 주는 소재가 우리 주위에 많으므로 찾아서 사용하면 좋은 작품을 만드는데 도움이 될 것이다.

[그림 3-1] 금어초

① 라인 플라워 Line Flower

라인 플라워는 꽃줄기가 곧고 키가 크며 줄기에 따라 작은 꽃이 피는 종류로서 플라워 디자인의 외곽을 구성하는 데 사용하는 꽃으로서 글라디올러스, 금어초, 스톡, 리아트리스, 스위트피, 부들 등의 줄기 선을 이용하여 플라워 디자인의 기본적인 직선과 곡선을 구성하는 소재이다.

[그림 3-2] 안스리움

② 폼 플라워 form flower

꽃 자체가 아름답고 색깔이 화려한 꽃으로서 선과 면의 구성만으로는 부족한 것을 명확한 꽃으로 높고 낮게 악센트를 주어 디자인을 보강해 주는 꽃이다. 크고 개성적인 꽃으로 눈에 잘 띄기 때문에 보통 작품의 초점에 꽂아 시각상의 초점focal point이 되게 꽂는 꽃이다. 칼라, 극락조화, 안스리움, 백합, 아이리스, 카틀레아, 튤립, 양란 등과 같이 한 장의 꽃잎만 없어도 그 꽃의 형태가 망가지는 꽃이다.

③ 매스 플라워 mass flower

매스 플라워는 작품의 외곽에서 초점을 향하여 꽂아 가는 작품 구성에서 디자인의 양감을 표현하고 면을 만들어 주는 역할을 하는 꽃으로 해바라기, 장미, 국화, 카네이션, 수국, 다알리아, 작약 등과 같이 많은 꽃잎이 한 덩어리로 된 꽃송이로 크고 둥근형태의 꽃을 말한다. 초점 부근의 폼 플라워와 윤곽의 라인 플라워 사이에 자리 잡는 꽃으로 두 개의 매스 플라워를 같은 위치에 두지 않는다.

[그림 3-3] 장미 　　　　　　장미 　　　　　　카네이션

④ 필러 플라워 filler flower

라인 플라워와 매스 플라워의 부족한 듯한 공간을 메워 주며 주된 초점의 소재를 더욱 강조시켜 주며 길고 짧게 꽂아서 더욱 입체감을 보강해 주거나 율동감이나 색감을 부드럽게 해 주는 역할을 하는 소재로서 과꽃과 패랭이, 에리카, 소국과 같이 작은 곁가지에 꽃이 하나씩 피는 것과 스타티스, 안개꽃 등과 같이 한 줄기 또는 여러 줄기에 작은 꽃들이 빽빽하게 핀 꽃으로 작품의 공간을 마무리해 준다.

[그림 3-4] 소국 　　　　　　소국 　　　　　　공작초

기출문제

★1. 다음 절화의 형태분류 중 필러 플라워에 속하지 않는 것은?

① 카스피아 ② 안개꽃
③ 공작초 ④ 안스리움

| 해설 |
카스피아, 안개꽃, 공작초 - 필러 플라워

★2. 라인 플라워의 설명으로 옳지 않은 것은?

① 곧은 줄기 끝에 꽃이 하나씩 달린 것으로 작품에 쉽게 부피와 중량감을 줄 수 있다.
② 꽃이 여러송이 달린 크고 긴 형태로 높이, 넓이, 깊이를 효과적으로 연출할 수 있다.
③ 작품의 골격, 모양, 크기를 정하는 데 사용되기 때문에 디자인에서 제일 먼저 배치한다.
④ 작품의 초점에서부터 주변에 이르기까지 시선의 이동을 유도하는 선을 제공한다.

| 해설 |
① 매스플라워 : 곧은 줄기 끝에 꽃이 하나씩 달려 있으며 많은 꽃잎이 한 덩어리로 된 꽃송이로 크고 둥근 형태의 꽃을 말한다.

★3. 꽃의 형태적 분류 중 틀린 것은?

① 폼 플라워 – 카틀레야
② 매스 플라워 – 장미
③ 라인 플라워 – 아이리스
④ 필러 플라워 – 석죽

| 해설 |
아이리스 - 폼 플라워
예) 글라디올러스, 금어초, 스톡, 리아트리스, 스위트피, 부들 등

answer 1.④ 2.① 3.③

PART 2
화훼장식 절화상품 재료 구매

화훼장식기능사 필기편

chapter 01
절화시장조사
1. 화훼시장
2. 실행예산 수립

chapter 02
절화상품 재료 구매
1. 구매계획서
2. 거래명세서
3. 검수 확인

Chapter 01
절화시장조사

1 화훼시장

1) 화훼시장

화훼도매시장은 농수산물 도매시장에서 화훼류를 취급하는 경우가 많다. 농수산물도매시장은 특별시, 광역시, 특별자치시, 특별자치도 또는 시가 농수산물을 도매하기 위하여 관할구역에 개설하는 시장이다.

2) 국내화훼 유통시장

현재 국내 화훼류 도매시장은 대부분 도매 및 소매상인들이 모여 자발적으로 형성된 시장으로 최초 화훼시장 형성 시기는 60년대이며, 1970년 서울 남대문 시장 내 대도상가에 최초 꽃 시장인 '남대문 꽃 상가'가 개설되었다. 1991년 최초로 법정도매시장인 양재동 화훼공판장이 개설되었다. 화훼도매시장은 크게 공영도매시장이라고 할 수 있는 법정도매시장, 전문농협에서 운영하는 공판장 및 재래시장 등 3가지로 구분할 수 있다.

서울의 경우, 절화는 강남터미널의 경부선 및 호남선 시장, 남대문시장, 양재동 화훼공판장이 가장 크다. 분화는 과천의 남서울분화시장, 양재동 화훼공판장이 가장 규모가 크며, 과거 구파발분화시장이 은평뉴타운으로 개발되면서 양주, 원당, 삼송 등지로 흩어지면서 소규모 분화시장이 산재하고 있다. 이들 시장방문을 통해 시장조사를 할 수 있다.

3) 시장조사

시장조사란 시장에 대해 가장 잘 알고 있는 소비자의 소리를 듣고 이 정보를 수요자에게 제공하여 그들로 하여금 더 나은 의사결정을 내릴 수 있도록 하는 것이다.

그러나 화훼장식 실행예산 수립을 위한 시장조사는 이러한 소비자의 소리를 듣는 것이 아니라 시장의 동향, 구매물품의 가격추이, 트렌드 정보수집 등 화훼상품제작에 필요한 물품구매에 필요한 정보에 관한 수집을 말한다.

시장조사는 과거와 현재를 조사 분석하여 미래를 예측함으로써 시장 전략 수립을 위한 기본틀을 구축하고, 미래 지향적인 활동으로 마케팅 의사결정을 위한 현실정보를 제공하여 다양한 정보를 체계적으로 구축, 분석하는 객관적인 단계이다. 이를 통해 전략적 의사결정에 결정적 역할을 한다. 시장조사의 정보는 정확성, 현실성, 관련성, 이용가능성을 가진 정보를 수집하고, 최근의 트렌드를 분석하여 기초자료를 수집하거나, 제품개발 동향파악 등에 활용될 수 있다.

① 기초조사

기본적인 정보를 간행물, 인터넷, 기존의 시장조사 보고서, 매출보고서, 회계자부 등 비용이 많이 드는 조사나 실사를 하기에 앞서 실시하는 조사이다. 물론 기초조사를 통해 필요한 정보를 모두 구할 수 있을 수는 없으나 시장규모, 시장추세, 생산량통계 등 시장 전반에 걸친 꼭 필요한 정보는 얻을 수 있다.

② 기획조사

상업적인 조사기관을 이용하여 판매, 구매, 유통 등의 자료를 정기적으로 지속해서 수집하여, 원하는 고객에게 대부분 정기적으로 계약판매가 가능하다. 기획조사의 장점은 조사비용을 다른 고객들과 분담한다는 것이며, 원하는 자료만을 골라서 구입할 수 있다.

③ 정량 및 정성조사

기초조사나 기획조사를 통해 자료를 충분히 조사했음에도 불구하고 추가적인 정보가 필요할 경우에는 독자적인 조사를 고려해야만 한다. 지속적으로 제공받은 조사자료를 통해 새로운 기획이나 문제가 있다고 판단되면, 해당분야에 적합하게 시장조사를 고안하여 보다 심층적인 조사를 시행하게 된다.

2 실행예산 수립

1) 상품원가

① 제작원가

제작원가란 실제 상품제작과정에 투입되는 실행예산으로서 재료비(주재료 및 부재료), 인건비, 경비 및 기타 부대비용을 포함한다. 즉, 화훼장식 상품을 약속된 기한 내에 완성하기 위해 실제 투입되는 예산과 판매금액을 고려한 손익을 미리 예측하고 이익을 명확하게 하여 상품을 제작하도록 사전에 작성하는 예산이다. 특히, 불확실성을 최소화하고 최소의 비용으로 최상의 품질을 유지하도록 상품을 제작할 수 있도록 작성해야 한다.

② 판매원가

판매원가는 제작원가에 이윤 및 경영비 등을 포함한 가격을 말한다.

원가예산서는 상품원가에 따른 상세 내역을 기록 하는 문서이다. 작성일시, 재료비, 판매원가, 제작원가 등이 포함된다. 그리고 작업에 따라 달라질 수 있는 원가는 기준 원가를 예상하여 작성할 수 있다.

2) 원가산출 방법

① 백분율분할 산출법

판매가격은 경영비, 상품원가, 순수익 등으로 구성하며, 해당 매장의 특성을 고려하여 비율을 적절히 조절한다.

예를 들어, 상품원가 35% 수준, 수익 10% 수준으로 판매가를 산정하면 총 판매가는 다음과 같이 산출할 수 있다.

100%(총판매가) = 55%(경영비) + 35%(상품의 원가) + 10%(순수익)

② 표준비 산출법

매장에서 가격을 결정하는 가장 일반적인 방법으로 표준도매가에 운영비, 이윤 등을 고려하여 표준화된 요율을 적용하여 가격을 산출한다.

③ 인건비를 포함한 가격 산출법

각 품목의 도매가에 의해 결정하며, 예를 들면 분화상품 식물재료 도매가격에 3 ~ 5배, 부재료 도매가격에 2배를 더한 총액에 인건비를 20~25% 정도 합한 가격이다.

예 판매액 = 노동비 + 재료비 + 예비비

　　노동비 = {(생화가격×3) + (부재료가격×2)} × 0.25

　　재료비 = (생화가격×3) + (부재료가격×2)

원가가산 가격결정법	목표수익률 가산법
원가에 일정한 이익을 가산한 가격으로 판매를 결정하는 방식이다. 재화나 서비스에 대한 가격탄력성이 크지 않고 경쟁이 피열하지 않을 경우 활용된다. 다만, 시장의 수요상황, 경쟁사의 가격 등을 고려하지 않는다는 한계가 있다. 가격 = 제품단위원가 + 표준이익 　　 = 단위원가 / (1-예상판매수익율)	기업이 투자에 대한 목표수익률을 달성할 수 있도록 가격을 산정하는 방법이다. 가격 = 단위원가 + (투자액 × 목표수익률) / 예상판매량

3) 항목별 원가구성

상품원가는 판매원가와 제작원가 실행예산로 구분되며, 항목별로는 재료비 주재료, 부재료, 인건비, 일반경비 및 부대비용 배송비, 예비비 및 기타경비으로 구분할 수 있다.

① 재료원가

　재료원가에는 순수한 주재료 꽃, 식물뿐만 아니라 플로랄 폼, 바구니, 철사, 리본 등 부재료 등의 구매 시 소요되는 비용과, 판매되지 않고 폐기처분되는 재료, 상품제작과정에서 손실이 발생되는 재료 등도 재료원가에 포함한다.

② 부대비용

　부대비용은 상품제작에 소요되는 인건비, 이윤, 각종 세금, 매장 임대료, 폐기물 처리비용, 상품배송료, 상품설치비용과 기타 예비비나 공과잡비 등을 포함하여 산정한다.

Chapter 02

절화상품 재료 구매

1 구매계획서

구매된 재료의 품목과 수량을 확인하고 생육 상태, 병충해 등 품질을 확인할 수 있어야 한다. 구매계획서에 근거하여 검수하며 검수 후에는 구매재료 검수서를 작성한다.

2 거래명세서

거래명세서는 거래처 간 거래를 하고 그에 따른 상세한 명세 내역을 기록하여 상호간 거래 사실을 분명히 하고자 작성하는 문서이다. 세금계산서, 계산서, 영수증에는 거래 내역을 상세히 기록하는 것이 불가능하므로 세부 거래 내역을 뒷받침할 수 있는 거래명세서를 잘 보관하는 것이 중요하다.

3 검수 확인

주재료 및 부재료를 구입한 뒤 재료에 이상이 없는지 검수하는 것은 필수적인 일이다. 검수를 수행한 뒤 검수자가 관찰한 결과를 기록하기 위해 검수서를 작성하여 보관한다.

기출문제

★1. 상품구매계획서를 작성할 때 행동으로 옳지 않은 것은?

① 작성일자를 기입한다.
② 재료의 상태를 확인하고 이상 유무를 파악한다.
③ 구매계획서 작성자의 이름을 기입한다.
④ 상품의 종류 및 필요한 재료 목록을 기입한다.

| 해설 |
'구매재료검수서'를 작성할 때 재료의 상태를 확인하고 이상유무를 파악한다.

★2. 실행예산을 수립할 때 판매가를 산출하는 방법으로 적절하지 않은 것은?

① 백분율분할 산출법
② 표준비 산출법
③ 노동비 포함 산출법
④ 매입 산출법

| 해설 |
- 백분할 산출법 : 판매가격을 경영비, 상품원가, 순수익 등으로 구성하며, 해당 매장의 특성을 고려하고 비율을 적절히 조절하여 산출하는 방법이다.
- 표준비 산출법 : 매장에서 가격을 결정하는 가장 일반적인 방법으로 표준도매가에 운영비, 이윤 등을 고려하여 표준화된 요율을 적용하여 가격을 산출한다.
- 노동비 포함 산출법 : 각 품목의 도매가에 의해 결정하며, 예를 들면 분화상품 식물재료 도매가격에 3~5배, 부재료 도매가격에 2배를 더한 총액에 인건비를 20~25% 정도 합한 가격이다.

★3. 거래명세서를 대체할 수 있는 문서는 무엇인가?

① 재료구매계획서
② 영수증
③ 구매재료검수서
④ 주문서

| 해설 |
재료를 판매하는 사람에 따라 거래명세서 대신 영수증으로 발행하기도 한다.

answer   1.②   2.④   3.②

PART 3
화훼장식 절화 기본상품 제작

화훼장식기능사 **필기편**

chapter 01
절화상품 작업준비

1. 절화의 관리(절화 생리, 물올림 등)
2. 절화상품 고정방법
3. 절화상품 용기
4. 절화장식의 종류와 특성
5. 꽃꽂이의 종류 - 한국 꽃꽂이 / 서양꽃꽂이
6. 절화 화훼식물의 조형
7. 절화 화훼장식의 표현기법 및 와이어링 기법
8. 화훼 디자인요소 및 원리
9. 색채학

chapter 02
꽃다발 제작

1. 꽃다발
2. 꽃다발 종류와 특성
3. 꽃다발 제작(배열방법)

chapter 03
꽃바구니 제작

1. 꽃바구니
2. 꽃바구니 기초작업
3. 꽃바구니 종류와 특성

chapter 04
꽃꽂이상품 제작

1. 코사지
2. 부토니어
3. 리스
4. 리본

Chapter 01

절화상품 작업 준비

1 절화의 관리(절화 생리, 물올림 등)

1) 절화의 생리

수확과 함께 절화는 줄기를 통해 양분과 수분의 흡수가 차단되며 여러 가지 외부 환경 변화에 의해 꽃이 쉽게 시들게 된다.

① 절화의 수분 흡수와 증산 작용

절화가 적절한 물올림되어 신선도를 유지하기 위해서는 다음 사항에 유의하여야 한다.

증산 작용	식물은 잎에 있는 표피 내부의 기공을 닫음으로써 상당량의 증산작용 혹은 수분의 손실을 조절할 수 있다. 주위의 상대적인 습기공기 중의 수분의 양을 최대로 유지하여 절화의 수분 손실을 줄이면 보다 안정된 상태를 오래 유지할 수 있다. 절화에서 가장 좋은 수확 후의 저장 조건은 습도를 높이고, 기온을 낮게 하며, 적당한 통풍을 유지시켜 주는 것이다.
호흡 작용	호흡작용은 주위 환경에서 저장된 수분과 산소를 이용해서 이산화탄소를 배출하는 과정으로 수확 후에 꽃과 잎의 생명을 유지시키는 데 필수적인 과정이다. 절화의 수명을 오래 유지하기 위해서는 호흡작용을 최소한으로 줄여야 한다. 주위의 기온을 낮게 하여 식물조직의 호흡작용과 탄수화물, 저장물질의 사용을 늦출 수 있으며, 수분의 손실과 미생물의 번식도 줄일 수 있다.
광합성	빛 에너지가 화학 에너지로의 변환하는 과정으로 빛 에너지를 사용해서 식물이 가지고 있는 엽록소 안에 있는 탄소이산화물에서 탄수화물을 생산해 내는 과정이다.

② 유관속 폐쇄

　　㉠ 도관의 기포 발생으로 수분 상승 억제
　　㉡ 박테리아 등의 미생물의 도관 폐쇄
　　㉢ 유액 분비로 인해 절구가 굳음
　　㉣ 단백질, 펙틴 폴리페놀 등의 점착물이 쌓여 도관 폐쇄

③ 수분 흡수와 증산의 불균형

　　수분의 흡수량에 비해 증산량이 많아지게 되면 수분 부족 현상이 일어난다.
　　뿌리가 제거된 절화의 뿌리 역할을 줄기의 자른 부분에서 하게 된다. 절화가 시드는 원인은 줄기의 도관으로부터 흡수하는 수분이 잎에서 증산되는 수분보다 적기 때문이다. 일반적으로 절화의 흡수를 저해하는 관다발 폐쇄의 원인으로, 절단 후 도관 중에 기포가 생겨 수분의 상승을 방해하는 경우와 박테리아·곰팡이 등 미생물이 도관을 막는 경우, 절단면에 유액이 분비되어 절단면이 굳어버리는 경우, 도관부에 펙틴·폴리페놀·단백질 등의 점착물질이 쌓여서 폐쇄되는 경우 등을 들 수 있다.

2) 절화의 호흡 작용

호흡 작용에 의하여 양분의 소모가 급격히 일어나며 절화의 보존 온도를 낮춰 주므로 신선도를 높일 수 있다.

3) 에틸렌의 영향과 노화 현상

에틸렌은 식물의 노화를 촉진하는 자연 호르몬이다.

카네이션은 에틸렌의 농도가 높으면 개화하지 못하고 시들며, 낮은 농도의 에틸렌에도 꽃잎이 수분을 잃어 안쪽으로 말리며 쉽게 시들게 되고, 장미도 에틸렌에 장시간 노출되면 급속도로 파괴되어 시들고 기운이 빠진 모습을 보여 준다. 금어초·델피니움·락스터 등은 꽃이 쉽게 떨어져 관상가치를 쉽게 잃는다. 대기중에서 대부분의 절화를 둘러싼 에틸렌의 정도가 백만분의 1/100.1ppm 이상일 경우 피해를 입게 된다.

에틸렌을 발생시키는 주원인	- 에틸렌은 식물의 노화를 촉진하는 지연 호르몬이다. 공기 중의 불완전연소의 부산물로서 발생하거나 내연기관에서 발생한다. - 고등식물의 많은 부분에서 생산되지만 그 생산율은 조직 종류의 발달단계에 따라 다르며 잎의 탈리, 꽃의 노쇠, 열매의 성숙 과정에서 크게 증가한다. - 절화가 상처, 한랭, 질병, 고온 등의 스트레스를 받는 환경에 처할 경우 에틸렌 생합성이 일어난다. 특히, 고온의 상태나 암 상태의 저장 및 수송 시 다량 발생한다.
에틸렌에 의한 피해 증상	- 알스트로메리아의 기형화, 꽃잎의 흑변, 꽃잎 탈피 - 카네이션의 꽃잎 말림, 꽃잎 위조 - 튤립의 꽃잎 말림, 꽃의 청색화, 노화 촉진 - 금어초, 델피니움의 꽃잎 탈피, 노화 촉진 - 장미의 봉오리 개화억제, 꽃잎의 청색화, 노화촉진 - 나리의 꽃눈 고사, 꽃잎 탈락 - 숙근안개초의 꽃잎 위조, 꽃잎 탈락
에틸렌 억제 방법	- 적당히 낮은 온도와 산소, 적당히 높은 이산화탄소, 적당한 감압 상태 등의 환경을 제공한다. - 에틸렌 작용 억제제인 STS, 에틸렌 생합성 억제제인 AVG, AOA 등을 활용해 에틸렌을 억제할 수도 있다. - 식물을 에틸렌 생성량이 많은 만개한 꽃, 과일, 채소류와 함께 저장하지 않는다. - 가능하면 어린 봉우리 때 수확한다.

4) 절화 보존제

절화의 노화를 지연시키고 수명을 연장시키는 역할을 한다.

물에 섞는 화학 첨가물로서 화기에서의 절화의 수명을 연장시키고, 꽃을 크게 피도록 해주며, 꽃잎과 잎의 색상을 유지시킴으로써 수확 후 수명의 질을 보존해 준다.

- 꽃의 속명이나 종, 꽃의 전반적인 질, 수명의 정도 등에 따라서 여러 가지 화학 용품을 사용해서 화기에서 절화의 수명을 연장시키고 질을 향상시킬 수 있다. 실버 컨디셔닝과 구연산의 사전처리와 펄싱pulshing, 하이드레이팅hydrating, 봉오리 개화budopening 등의 과정은 짧은 기간에 행하는 것으로 하나 혹은 그 이상의 부류 단계인 짧은 순간에 사용되고 있다.
- 절화보존제를 혼합할 때에는 항상 사용설명서의 사용법에 따르도록 한다.

① 절화 보존제의 구성 성분과 종류

ⓛ 당

가장 효과적인 에너지원으로 기공의 기능성을 높여 주고 수명을 연장한다. 꽃잎의 세포 팽압을 유지하고 화색을 선명하게 하며 봉오리 개화를 촉진한다. 종류에는 자당 sucrose, 포도당 glucose, 과당 fructose 등이 있다.

ⓒ 살균제

박테리아 등의 미생물 증식과 꽃의 목이 굽어지는 현상 bent neck 을 막는다. 에너지 공급 원인인 당의 첨가와 함께 사용해야 한다. 종류에는 silver nitrate $AgNO_3$, silver thiosulfate STS, aluminum sulfate $Al_2(SO_4)_3$ 이 있다.

ⓒ 에틸렌 억제제

노화를 촉진하는 호르몬으로 꽃잎의 위조, 낙화를 일으키며 수명을 단축하는 가장 큰 원인이 된다. 종류에는 silver thiosulfate STS, amino oxyacetic acid AOA 등이 있다.

ⓔ 성장 조절제

사이토키닌은 세포 분할을 자극하고 증진시키는 식물 호르몬으로 줄기에 흡수되어 수확 후의 기간 동안 색소, 특히 엽록소를 유지하고, 일부 절화와 잎의 황화를 방지한다. 사이토키닌이 국화·아이리스·장미 등의 노화를 지연시키고 잎의 황변을 방지하며, 지베렐린은 백합과 알스트로메리아의 엽록소 소실을 방지하고, 다이오지드 daminozide, B-9는 금어초·카네이션 등의 노화를 지연시킨다. 화기에서의 수명을 연장시키는 가장 일반적인 성장 조절제로는 6벤질 아데닌 6-benzyl adenie, BA 이 있다.

ⓜ 생장 조절 물질

종류에는 BA, kinetin, cytokinins, gibberelins, ABA 등이 있다.

ⓗ 기타

구연산, 아스코르빈산, 황산, 칼슘 등이 있다.

5) 물올림의 주의사항

① 줄기에 적당한 수의 잎을 남긴다.
② 물관 안에 기포를 만들지 않는다.
③ 박테리아의 발생과 부패를 막는다.

④ 자른 단면이 수액이나 유액으로 막히는 것을 방지한다.

⑤ 스프레이를 할 때에는 꽃잎의 뒷면에 하는 것이 좋다. 꽃잎의 앞면은 증산 작용을 하고 뒷면은 호흡작용을 하기 때문이다.

구 분	방법 및 특징
물속에서 자르기	물속에서 절화를 자르는 방법으로 공기 유입 없이 바로 수분을 빨아들일 수 있음
열탕처리	끓는 물에 수초간 담갔다가 꺼내어 수분장력을 이용하는 방법
탄화처리	줄기의 절단면 주변에 불을 가하여 그을려 자극을 주는 방법
줄기 두드림	수분 흡수가 어려운 식물의 흡수면을 넓혀 주기 위한 방법
화학처리	소금, 식초, 초산염, 알코올 등의 화학적 매개물을 활용하는 방법

6) 절화 수명 연장 요인과 보관 방법

절화의 신선도는 상품 품질에 가장 중요한 요소이다. 꽃은 수확 직후부터 노화가 진행되므로, 유통과 보관 과정에서 적절한 관리가 필요하다. 적절한 환경과 컨디셔닝을 통해 절화의 수명을 연장할 수 있으며, 이를 위해 주요 요인과 보관 방법을 이해해야 한다.

① 습도

절화는 수확 후 전 기간 동안 높은 습도와 낮은 온도를 유지하면서 적절한 공기 순환이 이루어지는 환경에서 보관하는 것이 이상적이다. 그러나 습도가 과도하면 회색 곰팡이 발생이 촉진될 수 있으므로 주의해야 한다. 일반적으로 상대습도는 70~80% 정도로 유지하는 것이 좋다.

② 온도

온도는 절화 품질 유지에 가장 큰 영향을 미친다. 온도가 높으면 호흡이 촉진되어 에너지 소모가 늘고, 수분 증발이 많아져 시듦이 빨라진다. 또한 미생물 번식이 증가하여 절화 수명이 단축된다. 온대성 절화는 0~4℃, 열대 및 아열대 절화는 7~15℃ 정도가 적정 온도이다. 단, 너무 낮은 온도는 냉해를 유발할 수 있어 주의한다.

③ 빛

절화는 수확 후 광합성 능력이 거의 없어 많은 빛이 필요하지 않다. 다만, 잎이 있는 절화는 일부 광합성을 수행할 수 있으므로, 적당한 광도를 유지하면 좋다. 직사광선은 위조를 촉진하므로 피하는 것이 바람직하다.

④ 에틸렌 가스

에틸렌은 식물의 노화를 촉진하는 호르몬으로, 상처나 부패 시 발생량이 증가한다. 공기 중 에틸렌 농도가 높으면 잎 황화, 꽃 목 굽음, 흡수량 감소 등이 나타나 절화 수명이 단축된다. 따라서 에틸렌 발생을 최소화할 수 있는 환경을 유지해야 한다.

⑤ 당도

절화는 수확 후 광합성이 중단되므로 당분 공급이 중요하다. 적정 당도는 호흡 작용을 돕고 꽃의 활력을 유지하며, 색상과 신선도를 높이는 역할을 한다. 보통 0.5~5% 수용액으로 사용한다.

⑥ 미생물

미생물은 줄기 도관을 막아 수분 흡수를 방해하고, 줄기와 물의 부패를 유발한다. 이를 방지하기 위해 보존 용액에 살균제를 첨가한다. 일반적으로 HQS 또는 HQC가 사용되며, 100~200ppm 수준으로 설탕과 혼합해 활용한다.

기출문제

★1. 에틸렌 발생의 요인으로 거리가 먼 것은?

① 시들은 절화
② 익어가는 과일
③ 질병에 감염된 분식물
④ 저온

| 해설 |
에틸렌은 식물의 노화를 촉진하는 자연호르몬으로 잎의 탈리, 꽃의 노쇠, 열매의 성숙 과정에서 크게 증가한다. 또한 절화가 상처, 한랭, 질병, 고온 등의 스트레스를 받는 환경에 처할 경우 에틸렌 생합성이 일어나며 특히, 고온의 상태나 암상태의 저장 및 수송 시 다량 발생한다.

★2. 절화 생리에 대한 설명 중 옳지 않은 것은?

① 일반적으로 저온에 두면 오랫동안 신선도를 유지할 수 있다.
② 일반적으로 여름에 수확한 절화가 겨울에 수확한 것에 비해 수명이 길다.
③ 안스리움, 반다 등은 8℃이하의 저온에 두면 저온장해를 받는다.
④ 온도가 높고 습도가 낮은 상태에서 절화를 보관하면 쉽게 시들어 관상할 수 있는 기간이 매우 짧아진다.

| 해설 |
절화가 상처, 한랭, 질병, 고온 등의 스트레스를 받는 환경에 처할 경우 에틸렌 생합성이 일어난다. 특히, 고온의 상태나 암상태의 저장 및 수송 시 다량 발생하기 때문에 여름에 수확한 절화가 겨울에 수확한 것에 비해 수명이 짧다.

★3. 절화보존제의 효과로 볼 수 없는 것은?

① 양분의 공급
② 에틸렌 발생 억제
③ 노화 촉진
④ 미생물 등의 발생 억제

| 해설 |
절화보존제는 절화의 노화를 지연시키고 수명을 연장시키는 역할을 한다.

answer 1.④ 2.② 3.③

기출문제

★4. 절화의 물올림 방법으로 적절하지 않은 것은?

① 물속에서 재절단하며, 재절단 시 가위보다 예리한 칼을 사용한다.
② 같은 종 또는 같은 품종 단위로 동일한 용기에 넣고 물올림 시킨다.
③ 유액이 나오는 줄기는 재절단 후 끓는 물에 수 초간 담근다.
④ 수분 흡수를 좋게 하기 위해서 줄기 기부를 수평으로 절단한다.

| 해설 |
수분 흡수를 좋게 하기 위해서 줄기 기부를 사선으로 날카롭게 절단한다.

★5. 다음 중 절화의 물올림을 좋게 하기 위한 방법 중 틀린 것은?

① 수중절단 한다.
② 초본류의 경우 줄기 기부를 짓이기는 것이 좋다.
③ 잎을 적당히 제거하여 적절한 엽면적을 유지하도록 한다.
④ 살균제가 함유된 용액에 담근다.

| 해설 |
목본류의 경우 줄기 기부를 짓이기는 것이 좋다.

★6. 절화의 수분 흡수 촉진 방법으로 틀리게 연결된 것은?

① 국화 – 열탕처리
② 칼라 – 탄화처리
③ 라일락 – 열탕처리
④ 장미 – 펌프주입

| 해설 |
• 장미 : 물속 자르기, 탄화처리
• 펌프주입 : 줄기에 펌프를 꽂아 강제적으로 물을 주입하는 수분 흡수 촉진 방법

answer 4.④ 5.② 6.④

2 절화 기본상품 제작을 위한 도구 및 재료

1) 컷팅도구

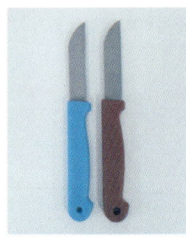

① 플로리스트 나이프

절화 제작에서 줄기를 사선으로 절단하거나 컨디셔닝할 때 주로 사용되는 도구이다. 날이 날카로워야 깨끗하게 커팅할 수 있으며, 작업 속도를 높이는 데 유리하다. 사용 시 한 손으로 줄기를 고정하고, 다른 손으로 위에서 아래로 칼을 내려 안전하게 커팅해야 한다.

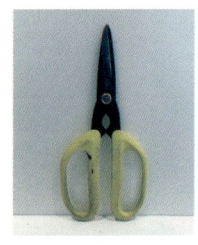

② 플로리스트 가위

가장 일반적으로 사용되는 절화 커팅 도구이다. 날이 짧고 단단하여 꽃과 줄기 등 식물 재료를 쉽게 자를 수 있도록 설계되어 있다. 철사 절단도 가능하지만, 도구 수명과 효율을 위해 재료별로 전용 가위를 사용하는 것이 바람직하다.

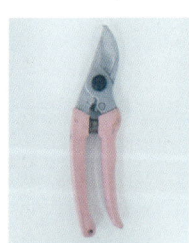

③ 전정가위

굵고 단단한 나뭇가지를 절단할 때 사용된다. 날이 날카워 깨끗하게 자를 수 있으며, 나무 소재에 적합하다. 철사 절단에는 사용하지 않아야 도구가 손상되지 않는다.

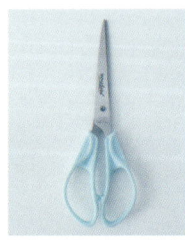

④ 수공 가위

리본, 지류, 포장 부재료를 자를 때 사용하는 가위이다. 문구용 가위와 비슷하며, 날의 길이나 형태를 재료에 맞게 선택해야 한다. 용도별 구분 없이 사용하면 날이 손상되어 작업이 어렵다.

⑤ 와이어 커터

철사 전용 커팅 도구로, 누드 철사, 알루미늄 와이어, 브론즈 네트 등 다양한 철사를 절단할 수 있다. 플로리스트 가위나 전정가위로 철사를 자르면 날이 손상되므로, 철사 절단에는 반드시 와이어 커터를 사용해야 한다.

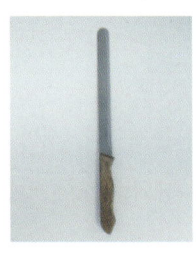

⑥ 플로랄폼 나이프

플로랄폼을 용기 크기와 디자인에 맞춰 재단할 때 사용된다. 다양한 나이프로 대체 가능하지만, 안전을 위해 끝이 둥근 형태를 사용하는 것이 일반적이다.

2) 워터링 도구 및 재료

① 분무기

물이나 액체 약품을 분사하는 기구로, 작품 크기와 용도에 따라 다양한 크기를 사용한다. 절화의 수분 공급이나 보습 관리, 약품 처리에 활용된다.

② 물통

절화를 컨디셔닝 하거나 보관할 때 사용하는 용기이다. 다양한 크기를 구비하여 소재 길이와 종류에 맞게 물올림 및 보관이 가능하다.

③ 플라스틱 워터 튜브 Water Tube

플라스틱 본체와 고무 덮개로 구성되며, 덮개의 구멍을 통해 식물을 고정한다. 줄기 굵기와 꽃 크기, 수분 필요량에 따라 크기를 선택하며, 하나의 튜브에 한 가지 또는 한 대의 소재를 꽂는다.

④ 유리 시험관

유리 재질로 제작된 시험관 형태이며, 플라스틱 워터 튜브와 달리 뚜껑이 별도로 제공되지 않는다. 수직으로 줄기를 배치하거나 고급스럽게 연출할 때 사용하며, 크기와 굵기를 상품에 맞게 선택한다.

⑤ 튜브 필러 보틀 Tube Filler Bottle

코끼리 코 모양의 빨대 형태 플라스틱 관으로, 워터 튜브나 유리 시험관에 수분을 보충할 때 사용된다. 완성된 작품에 추가적인 수분 공급이 필요할 때 편리하다.

3) 철사

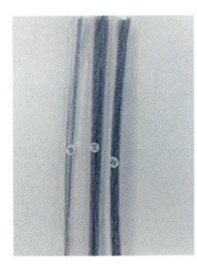

① 누드 철사

은색 와이어로, 18~26번까지 다양한 두께가 존재한다. 게이지 숫자가 작을수록 두꺼운 와이어이다. 절화의 두께와 용도에 맞춰 적절한 게이지를 선택하여 사용한다.

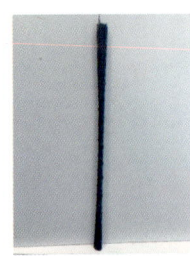

② 지철사

겉에 종이가 감긴 철사로, 녹색, 갈색, 흰색 등이 있다. 주로 조형 구성이나 재료 고정용으로 사용되는 기본 부재료이다. 일반적으로 27번 정도의 얇은 두께가 사용된다.

③ 디자인 와이어

다양한 색상과 두께로 디자인 포인트를 주거나 시각적 장식을 위해 활용되는 와이어이다. 웨이브 모양이나 카파 와이어 등 창의적 표현이 가능하다.

④ 뷰리온 와이어

스프링처럼 말린 형태로, 반짝거림이 특징인 장식용 와이어이다. 필요에 따라 늘려 웨이브 모양을 살리며 디자인 요소로 활용한다.

⑤ 알루미늄 와이어

자유롭게 구부러지는 와이어로, 다양한 형태를 제작할 수 있다. 여러 두께와 색상이 있어 컬러 와이어로도 사용된다.

⑥ 바인딩 와이어

종이가 감긴 유연한 와이어로, 소재를 고정하는 묶음용으로 사용된다. 롤 형태로 구성되어 필요할 때마다 원하는 길이만큼 잘라 사용할 수 있다. 색상은 녹색, 흰색, 갈색, 베이지색 등이 있다.

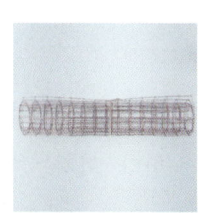

⑦ 와이어 네트

브론즈 네트, 치킨 와이어 등이 있으며, 주재료나 부재료를 고정하거나 조형을 구성하는 용도로 사용된다. 단독으로 사용하거나 플로랄폼 등 다른 부재료와 조합하여 활용할 수 있다.

4) 스프레이

① 생화 컬러 스프레이

생화의 색상을 인위적으로 변화를 줄 때 사용하는 스프레이이다. 물올림보다 빠르게 색상 변화를 주고 작업 시간을 단축할 수 있다.

② 잎 광택제

관엽식물 잎 표면의 먼지나 물자국을 제거하고 광택을 내어 신선하게 보이도록 하는 스프레이이다.

③ 접착 스프레이 / 스프레이 글루

꽃잎 낙화를 늦추거나 드라이 플라워, 실크 플라워 등 가공화 소재에도 사용할 수 있는 접착 스프레이이다.

④ 플로랄 에어로졸 실러

절화 표면에 분사하면 수분 손실을 줄여 절화 수명을 연장시키는 스프레이이다.

⑤ 강력 접착제

생화 이외의 부재료 포장지, 라피아, 쥬트, 종이 등를 접착할 때 사용하는 스프레이형 강력 접착제이다.

3 절화상품 용기

화기는 꽃을 꽂는 용기로서의 역할뿐만 아니라 수분을 공급하여 꽃의 생명을 연장시켜 주고 꽃과의 조화를 이루어서 예술적인 작품의 미적 효과를 갖게 하는 역할을 한다. 화기는 어레인지먼트의 외관을 강조하고 디자인의 다른 부분과 조화를 이루어야 하며 디스플레이된 배경과도 조화를 이루어야 하므로 화기를 선택할 때에 디자이너는 화기의 질감·모양·크기·색깔을 고려해야 한다.

1) 유리화기

다용도 유리화기는 무색·녹색·무광택·흰색 등이 있으며 복숭아색·핑크색·녹색과 푸른색을 살짝 넣은 것도 있다.

2) 플라스틱 화기

모양·크기·스타일·색채별로 여러 가지 종류가 있으며, 가격이 저렴하고 파손이 심하지 않으며, 쉽게 작품의 분위기와 양식의 요구를 충족시킬 수 있다.

3) 바스켓

다양한 색과 수제 같은 질감으로 스타일·크기·모양·섬유질의 조합에 따라 다양하게 이용할 수 있으며, 스프레이 페인트로 쉽게 색을 바꿀 수도 있다. 바스켓은 플로랄 폼과 물을 담아 둘 수 있는 플라스틱 접시나 상업용 라이너가 있어야 한다.

4) 도자기

순수한 예술품 같은 세련된 선과 형태, 다양한 외양과 질감 때문에 화훼장식에서 인기있는 화기이다. 세라믹 중에는 매우 일상적인 것들도 있는데, 대부분의 것들이 노벨티나 특별한 경우에 쓰는 화기와 머그컵이다.

5) 금속화기

은·백랍·금·구리·청동 등과 같은 금속이 사용되고 있으며, 금속의 특성에 따라 화훼장식에 사용하는 소재의 색상을 한층 더 빛내 주고 있다. 금속성 화기의 경우 박테리아의 생성을 억제하는 효과가 있어서 절화보존제가 필요하지 않을 수도 있지만, 절화 보존제가 금속과 함께 화학적 반응을 일으킬 수 있으며 금속을 물과 화학용품에 의해 부식될 수도 있기 때문에 화기의 내부에 플라스틱 라이너를 사용하는 것이 좋다.

6) 수반

입구가 넓고 높이가 낮은 화기를 수반이라고 하며, 선과 여백이 강조되는 오리엔탈 스타일 작품 등 다양한 주제의 절화 기본상품 제작에 활용된다.

7) 세라믹 화기

세라믹 화기는 도자기 재질로, 다양한 형태, 크기, 색상을 가진다. 절화 기본상품의 주제에 맞춰 적절한 화기를 선택하여 다양한 작품을 제작할 수 있다.

8) 종이 화기

종이 화기는 대부분 박스 형태로 제작되며, 원형 햇 박스, 사각 선물 박스, 하트형 프러포즈 박스 등 다양한 형태, 크기, 색상이 있다. 물이나 습기에 취약하므로 내부 방수 처리가 필요하며, 가벼워 운반이 용이해 선물용으로 많이 활용된다.

9) 기타 화기

유리, 바구니, 수반, 세라믹, 플라스틱, 금속, 종이 외에도 토분, 테라코타, 나무 등 다양한 재료로 만든 화기를 선택하여 절화 상품에 맞게 활용할 수 있다.

4 절화상품 고정방법

1) 고정재료

① 플로랄폼

플로랄폼은 조밀하고 단단한 스펀지 질감을 가진 고정 재료이다. 주로 벽돌 모양의 사각형을 사용하지만, 원형, 반원형, 리스형 등 다양한 형태와 크기가 있어 제작 목적에 따라 선택할 수 있다. 수분 공급은 물에 띄워 자연 흡수시키는 방식이 일반적이며, 칼로 원하는 형태와 크기로 절단하여 사용한다. 물을 억지로 붓거나 누르면 내부까지 수분이 충분히 공급되지 않아 절화 수명에 영향을 줄 수 있으므로 주의가 필요하다.

② 침봉

침봉은 금속 화기 내부에 설치하는 철제 침 형태의 고정 재료이다. 원형과 사각형 등 다양한 형태와 크기가 있으며, 낮은 수반 화기와 함께 사용된다. 침봉이 충분히 물에 잠기도록 물을 공급하면 식물 줄기에 수분을 전달할 수 있다. 줄기가 얇거나 힘이 약한 경우에는 다른 식물 줄기를 활용하여 연장, 보충하여 고정할 수 있다.

③ 라이너

라이너는 방수가 되지 않는 금속 화기나 종이 화기 내부에 넣어 사용하는 화기이다. 주로 플라스틱 재질로 제작되어 가볍고 취급이 용이하다. 방수가 가능한 화기에도 내부 부식 방지와 관리 편의를 위해 사용할 수 있으며, 절화 기본상품 제작 후 설치 및 유지 관리에도 유용하다.

④ 앵커 핀

앵커 핀은 핀 홀더라고도 하며, 화기 내부 바닥에 고정하여 플로랄폼이 움직이지 않도록 하는 재료이다. 플로랄폼을 화기 안에 꽉 채우지 않고 일부만 고정하거나, 화기 모양이 버드케이지처럼 자유로운 형태일 때 효과적으로 사용된다.

⑤ 마끈 및 라피아

마끈과 라피아는 끈 형태의 고정 재료로, 꽃다발이나 절화 상품을 묶어 형태를 고정할 때 사용된다. 마끈은 인공적으로 제작되며 다양한 두께가 있어 상품 크기에 맞게 선택할 수 있다. 라피아는 식물 소재로 제작되며, 물에 젖은 상태에서 사용하면 단단하고 끊어지지 않는다. 필요에 따라 염색하거나 색상이 있는 라피아를 활용할 수도 있다.

2) 접착제
① 글루건

글루건은 스틱 형태의 글루를 끼워 전기를 통해 가열하고, 손잡이 압력으로 접착제를 조절해 사용하는 도구이다. 가열 속도가 빠르고 접착력이 강하지만, 고온으로 인한 화상 위험이 있으므로 주의가 필요하다. 저온용 글루건도 있으나 접착력은 다소 떨어지므로 제작 목적에 맞게 선택해야 한다.

② 글루 스틱

글루 스틱은 글루건이나 단지형 글루 팟에 끼워 사용하는 접착제이다. 보통 두 가지 두께로 제작되어 글루건에 맞는 두께를 사용해야 원활한 작업이 가능하다.

③ 팬멜트 글루

팬멜트 글루는 130℃ 정도의 고온에서 녹여 사용하는 접착제로, 주로 플로랄폼을 화기 안에 고정할 때 사용된다.

④ 생화 접착제

생화 접착제는 고온 접착제를 사용할 수 없는 식물에 적합하며, 생화를 손상 없이 접착할 수 있다. 다만 접착력은 다소 낮고 건조 시간이 길어 제작 시 장단점을 고려하여 사용해야 한다.

⑤ 수성 접착제

수성 접착제는 일반적으로 목공 본드이며, 드라이 플라워나 프리저브드 플라워 등 가공화를 고정할 때 사용된다. 흰색 점성 형태로, 필요한 만큼 찍어서 사용하거나 직접 바를 수 있다.

⑥ 플로랄 껌픽스

플로랄 껌픽스은 앵커 핀과 함께 사용되며, 플로랄폼이나 침봉의 밑면을 화기 내부에 고정하는 역할을 한다. 젖은 표면에서는 접착력이 약하므로, 물기를 제거한 상태에서 사용하는 것이 효과적이다.

기 출 문 제

★1. 생화인 절화 줄기의 고정방법이 아닌 것은?
① 격자 ② 침봉
③ 글루포트 ④ 철망

| 해설 |
글루포트는 글루를 녹이는 용기로 절화의 수명을 연장하기 위한 보조수단이다.

★2. 물을 흡수할 수 있는 것과 흡수하지 못하는 것이 있고 식물에게 수분을 공급해 주는 역할과 고정시켜 주는 역할을 하는 것은?
① 플로랄 폼 ② 침봉
③ 플라스틱 망 ④ 라피아

| 해설 |
흡수성과 비흡수성이 있다. 흡수성 플로랄 폼은 보통 녹색이고 벽돌 같은 모양을 하고 있으며, 식물에게 수분을 공급해 주는 역할과 꽃줄기를 고정해 주는 역할을 한다. 비흡수성 플로랄 폼은 드라이플라워나 실크플라워 등에 사용된다.

★3. 절화장식에 사용되는 화기로 적절하지 않은 것은?
① 병 ② 테라리움 용기
③ 수반 ④ 콤포트

| 해설 |
테라리움은 토양을 의미하는 '테라코타'와 수족관을 의미하는 '아쿠아리움'의 합성어로써 어항과 같은 화기를 이용한 분화상품을 말한다.

answer 1. ③ 2. ① 3. ②

5 절화장식의 종류와 특성

1) 화훼장식의 정의 및 목적

화훼장식은 꽃과 식물을 주 소재로 활용하여 실·내외 공간을 장식하고 화훼상품으로 부가 가치를 창출하는 분야이다. 화훼장식은 화훼식물인 초본식물과 목본식물을 주 소재로 시간 Time, 장소 Place, 목적 Occasin에 맞게 디자인의 요소와 원리에 적용하여 공간의 기능과 미적 효율성을 높여 주는 장식물을 제작하거나 설치, 유지, 관리하는 것을 말한다. 따라서 화훼장식에는 화훼식물에 대한 정확한 이해와 자유롭게 다룰 수 있는 올바른 기술력, 창의력과 표현능력이 요구되며 미적이고 정서적인 표현활동은 예술적인 창조 활동과 자연과의 친밀감, 그리고 생활을 풍요롭게 하는 데 목적을 두고 있다.

① 화훼장식의 기능

구분	기능
장식적	화훼를 이용하여 실내 또는 실외 공간을 장식하여 절화 또는 분식물장식, 실내정원 등의 장식으로부터 대형건물의 구조에 따라 배치된 화훼장식이 있다.
심리적	꽃의 향기나 식물의 녹색은 사람에게 정신적으로나 심리적으로 안락함을 느끼게 해 준다. 화훼류의 아름다움은 자연을 제시하는 것으로 그 속에 함축된 색채와 질감 그리고 향기 등이 다양한 느낌과 함께 심리적인 영향을 줌으로써 정서적인 안정감을 갖게 해 준다.
치료적	절화의 경우 재료를 처리하는 과정과 물갈이, 분식물의 경우 관수·시비 등의 관리가 필요하므로 신체적인 움직임으로 인한 대뇌의 자극 효과를 극대화시키며 정서적 안정과 함께 운동효과 및 재활효과도 얻을 수 있다. 식물의 향기는 우울증이나 스트레스를 경감시켜 주는 향기치료의 역할을 한다.
건축적	공원이나 놀이동산 등에서 꽃을 이용한 탑, 조형물 등은 호기심을 불러일으키는 효과를 가지고 있다. 건물 벽을 덮는 담쟁이덩굴은 건축미와 더불어 건물의 온도를 조절하는 기능을 가지고 있다. 또한 주택에서의 울타리로서, 실내공간의 부분적 차례를 통한 공간 분할의 역할을 하며 사람의 움직임을 유도하는 유도동선의 기능을 갖고 있다.
교육적	식물에 대한 기본적인 지식과 사물에 대한 관찰력, 집중력을 높일 수 있으며, 분식물의 유지 관리를 위한 지식, 식물의 환경교육을 통해 생태계에 대한 이해를 높일 수 있으며, 관리하는 과정에서 발생하는 여러 가지 문제점을 경험 또는 전문서적, 사이버 교육, 전문가를 통하여 문제를 해결하는 능력과 식물의 관리능력을 증진시킬 수 있다.
환경적	광합성을 통해 인간 생존에 필수적인 산소를 공급하고, 이산화탄소와 공기오염물질들을 흡수하게 되어 자연적으로 공기 정화기의 역할을 한다. 또한 소음 경감, 방향성 그리고 전자파를 차단하기도 한다.
메시지 전달	화훼장식은 시각적인 즐거움을 유도하는 등 여러 가지 목적으로 사용되지만 그중에서도 메시지를 전달하는 효과가 매우 높다. 꽃과 함께하는 모든 경우에 어떤 형식으로든지 메시지가 포함되어 있다.

기출문제

★1. 다음 설명이 나타내는 화훼장식의 기능은?

> 공기 중의 오염 물질을 흡수하여 공기를 정화시키며, 수분을 방출하여 습도를 조절해 주고, 전자파 차단과 방음 효과가 있다.

① 치료적 기능　　② 심리적 기능
③ 환경적 기능　　④ 건축적 기능

| 해설 |

- 치료적 기능 : 절화의 경우 재료를 처리하는 과정과 물갈이, 분식물의 경우 관수·시비 등의 관리가 필요하므로 신체적인 움직임으로 인한 대뇌의 자극 효과를 극대화시키며 정서적 안정과 함께 운동효과 및 재활 효과도 얻을 수 있다.
- 심리적 기능 : 꽃의 향기나 식물의 녹색은 사람에게 정신적으로나 심리적으로 안락함을 느끼게 해 준다.
- 건축적 기능 : 공원이나 놀이동산 등에서 꽃을 이용한 탑, 조형물 등은 호기심을 불러일으키는 효과를 가지고 있다.

★2. 화훼장식 정의와 가장 거리가 먼 것은?

① 식물을 주 소재로 시간, 장소, 목적에 적합한 아름다운 조형물을 설치하는 것이다.
② 화훼장식의 넓은 의미는 화훼장식물을 유지 및 관리하는 영역도 포함된다.
③ 식물에 인간의 창의력이 첨가된 조형예술이다.
④ 화훼장식은 식물 생명의 유한성이 배제된 조형예술이다.

| 해설 |

화훼장식은 식물 생명의 유한성을 고려해야 하는 조형예술이다.

★3. 화훼장식이 미치는 심리적 기능의 설명으로 틀린 것은?

① 편안함과 안정감을 준다.
② 서양에서는 인격형성에 화도, 다도, 서도의 3도를 이용해 왔다고 볼 수 있다.
③ 식물이나 꽃으로 인해 스트레스도 해소되고 분노감이 줄어든다.
④ 사람의 오감을 만족시켜 정서함양에 도움이 된다.

| 해설 |

인격형성에 화도, 다도, 서도의 3도를 이용해 온 것은 동양에서의 심리적 기능이다.

answer　1. ③　2. ④　3. ②

기출문제

★4. 다음 설명이 나타내는 화훼장식의 기능은?

> - 실내·외 미적효과를 높이면서 공간구성에 큰 역할을 한다.
> - 시야의 차단, 공간 분할 등의 효과를 낸다.

① 치료적 기능   ② 건축적 기능
③ 환경적 기능   ④ 교육적 기능

| 해설 |

- 치료적 기능 : 절화의 경우 재료를 처리하는 과정과 물갈이, 분식물의 경우 관수/시비 등의 관리가 필요하므로 신체적인 움직임으로 인한 대뇌의 자극 효과를 극대화 시키며 정서적 안정과 함께 운동효과 및 재활 효과도 얻을 수 있다.
- 환경적 기능 : 광합성을 통해 인간 생존에 필수적인 산소를 공급하고, 이산화탄소와 공기오염 물질들을 흡수하게 되어 자연적으로 공기 정화기의 역할과 소음 경감, 방향성, 전자파를 차단한다.
- 교육적 기능 : 식물에 대한 기본적인 지식과 사물에 대한 관찰력, 집중력을 높일 수 있으며, 분식물의 유지 관리를 위한 지식, 식물의 환경교육을 통해 생태계에 대한 이해를 높일 수 있으며, 관리하는 과정에서 발생하는 여러 가지 문제점을 해결하는 능력과 식물의 관리 능력을 증진시킬 수 있다.

answer   4. ②

6 꽃꽂이의 종류 - 한국 꽃꽂이 / 서양 꽃꽂이

1) 한국 꽃꽂이의 역사와 기원

'반만년의 유구한 역사'를 가진 우리나라는 구석기시대부터 시작이 되었으며 오랜 시간을 통해서 우리나라 꽃꽂이 역사도 종교·문화·관습에 따라 발전하기 시작했다. 그 흔적은 다양한 역사적인 자료를 통해서 짐작할 수 있다. 단군신화의 신단수는 고대문화에서 흔히 발견되는 천신이 내리기에 '신성한 나무였다'라는 것이나 사회학적으로 제천 행사와 제천 행사장소 또는 민간 신앙에서 '신이 내린다'라는 뜻은 그 의미가 일맥상통하며 이는 수목숭배사상으로 넓은 의미는 자연 숭배·식물 숭배로 우리의 삶속에서 계절의 도래나 우주의 변화를 의미 있게 하여 그 뿌리가 깊어 지금 현재 까지도 밀접한 연관이 이어지고 있다. 처음 불교가 우리나라에 전래된 서기 372년 고구려 때 중국을 통해서 들어온 불교는 그 영향으로 불교 꽃꽂이가 시작되었음을 그 역사적인 유례를 찾아 볼 수 있다. 우리 선조들은 주로 실내장식으로는 절화를 가지고 꽃꽂이를 많이 하였고 실외장식으로는 분식물을 이용한 분재위주로 생활 속에서의 모습을 문헌이나 옛 흔적에서 찾아 볼 수 있다.

① 동양꽃꽂이의 화형 花型

꽃꽂이의 화형은 자연에서부터 시작이 된다. 식물이 자라는 모습을 본떠 그 각도에 따라 직립형, 경사형, 하수형의 형태가 결정되며 자연적인 소재를 통해서 점, 선, 면을 표현할 수 있다.

직립형

[그림 4-1] 직립형

동양꽃꽂이의 기본적인 화형으로 1주지를 0°~15° 직립으로 세우는 형태이다. 직립형은 화재 花材가 지닌 직선의 운동성으로 무게감을 주며 정적인 미를 느낄 수 있다.

경사형

1주지를 40°~ 60°로 기울이는 형으로 화재의 곡선의 아름다움을 연출 할 수 있는 형태이다.

[그림 4-2] 경사형

하수형

1주지를 90°~180°로 늘어뜨리는 화형으로 아래로 흐르는 넝쿨 소재나 나뭇가지를 사용하여 곡선의 아름다움을 표현하는 화형이다. 화기의 경우 콤포트를 사용하여 소재가 지닌 운동성을 최대한 살려서 연출해야 한다.

[그림 4-3] 하수형

② 주지主枝

화형의 형태를 결정하고 골격을 형성하는 세 개의 선을 주지라 한다.

주지는 작품의 높이와 폭, 작품의 크기를 결정한다. 주지 중 제일 긴 가지를 제1주지라고 하며 중간 길이의 가지를 제2주지, 제일 짧은 가지를 제3주지라 한다. 제1주지를 ○, 제2주지를 ㅁ, 제3주지를 △의 기호로 표시하고 있다. 이 세 개의 주지를 꽂아 작품을 완성하고 세 개의 주지의 끝을 연장하면 부등변삼각형 비대칭삼각을 이루게 된다.

1주지	- 1주지의 각도에 따라 직립형, 경사형, 하수형으로 결정된다. - 화기 폭 + 화기 높이 × 1.5~2배가 적합하며 표준 비율 중 가장 안정적인 비율이다.
2주지	- 2주지는 작품의 넓이를 결정한다. - 1주지의 3/4, 2/3의 크기로 꽂을 수 있으며 소재에 따라 1/2도 가능하다.
3주지	- 3주지는 비대칭 삼각형을 표현하고 화형의 형태를 마무리하며 균형을 잡아 주는 역할을 한다. - 3주지는 2주지의 3/4, 2/3의 크기로 꽂을 수 있으며 소재에 따라 1/2도 가능하다.

기출문제

★1. 전통 한국식 꽃꽂이의 특성이 아닌 것은?

① 자연에서 식물이 자라는 모습을 화기에 재현한 자연적인 구성이다.
② 나뭇가지의 선의 아름다움을 강조한다.
③ 대부분 사방형으로 제작한다.
④ 자연에서 식물이 자라는 형태는 직립형, 경사형, 하수형으로 나눌 수 있다.

| 해설 |
한국식 꽃꽂이는 대부분 일방형으로 제작한다.

★2. 다음에서 설명하는 동양식 절화장식은?

- 화기를 2개 이상 반복적으로 배치하여 하나의 작품이 되도록 구성한다.
- 하나하나 독립된 특성과 완성미를 나타낸다.
- 같이 연결되어 있을 때 더욱 효과적인 조화 의미를 표현할 수 있다.

① 분리형　　　　② 경사형
③ 전개형　　　　④ 복합형

| 해설 |
- 분리형 : 한 수반 속에 2개 이상의 침봉을 넣고 주지를 나누어 꽂는 형태로 한 화기 안에서 작품이 두 부분으로 나누어지면서 한 작품으로 구성되는 화형
- 경사형 : 1주지를 40°~60°로 기울이는 형으로 화재의 곡선의 아름다움을 연출할 수 있는 형태
- 직립형 : 동양꽃꽂이의 기본적인 화형으로 1주지를 0°~15° 직립으로 세우는 형태이다. 직립형은 화재(花材)가 지닌 직선의 운동성으로 무게감을 주며 정적인 미를 느낄 수 있다.

answer　1. ③　2. ④

Chapter 01. 절화상품 작업 준비　065

2) 서양꽃꽂이의 기본 형태

수직형	수직형은 모든 화형의 기본이 되는 형태이다. 수직적인 라인 플라워의 소재를 사용하여 직선적 요소를 강조하고 생동감이나 활동적인 느낌을 주는 형이다. 수직형은 천장이 높고 코너에 잘 어울리며 수직이 주는 의미와 같이 생명력이 넘치는 형태이다. 수직형의 비율은 화기가 1일 때 꽃의 높이는 3 또는 과대비율로 1대 7까지 가능하다. 또한 수직형의 A라인 꽃의 높이은 0°~15°의 각도를 유의하여 꽂는다.	 [그림 5-1] 수직형
L자형	수직형의 기초를 둔 형태로 수직라인과 수평라인의 만나는 곳에서 90°로 직각의 세로선과 가로선으로 구성한 알파벳 L자형으로 구성한 형태이다. 비율은 4:3이나 2:1로 하면 안정된 균형을 유지 할 수 있다. 세로의 선과 가로의 선을 강조하며 교차하는 부분의 볼륨이 생기지 않도록 주의해야 한다.	 [그림 5-2] L자형
역T자형	L자형에 가로선을 연장하여 알파벳 T를 역으로 구성한 형이다. 역 T자형에서 연장된 가로선은 균형이 잘 잡힌 좌우대칭적인 형태여야 한다. 또한 수직선과 수평선이 교차되는 지점에는 지나친 볼륨으로 인하여 삼각형이 되지 않도록 주의해야 한다.	 [그림 5-3] 역T자형
부채형	부채를 편 모양으로 포컬 포인트로부터 방사선으로 구성된다. 평면적인 이 디자인은 대칭적으로 균형을 이루며, 선 모양의 골격을 이루는 소재들 사이의 빈 공간이나 음성적인 공간은 매스 디자인에서 방사형 라인을 강조해 주는 역할을 한다.	 [그림 5-4] 부채형

삼각형	삼각형의 화형에는 기하학적인 디자인으로 대칭형과 비대칭형이 있다. 여러 장소에서 흔하게 쓸 수 있는 화형이며 모양도 다양하게 바꿀 수 있다. 비대칭 삼각형은 시각적으로 인상적이다.	 [그림 5-5] 삼각형
수평형	화려한 연회석상의 사방에서 볼 수 있는 테이블 장식에 입체 수평형이 잘 어울리며 높은 콤포트를 사용하여 넓은 공간을 장식하는데도 곡선적 수평형이 화려하고 부드러운 분위기를 만들어 준다.	 [그림 5-6] 수평형
반구형	반구형은 반원의 구형球形으로 둥근 원을 반으로 나눈 형이다. 형태적으로는 반구半球형이므로 높이와 반경의 길이가 같아야 하나 시각적으로는 수직축을 반경보다 약간 길게 하는 쪽이 아름다운 반구형으로 보인다. 비잔틴 시대의 건축양식에서 유래된 형으로 실용적인 형으로 장식하는 장소도 티tea테이블이나 식탁 또는 사이드 보드, 책상 등 어떤 장소에나 부담 없이 이용할 수 있는 형이다.	 [그림 5-7] 반구형

6 절화 화훼식물의 조형

1) 줄기배열

① 방사 배열 하나의 생장점

한 점에서 출발하여 상하좌우로 뻗어 나가는 방법이다. 한두 줄기로 표현하기보다는 여러 줄기로 표현할 때 확실하다. 방사형의 특징은 모든 줄기는 한 점에서 만난다는 것이다.

② 병렬 배열 여러개의 생장점

줄기의 출발점이 각각 다르다. 각각의 줄기는 서로 다른 초점을 가지고 있으며 끝이 보여도 만나지 않는다는 것이 특징이다.

③ 복수 초점 배열

하나의 디자인에 방사선, 평행선 등의 줄기 배열 테크닉을 두 가지 이상 동시에 사용하는 배열 방법이다. 응용화형이나 자유화형에서 많이 나타나며 초점에 구애를 받지 않아 작품의 다양성을 표현하기에 유리하다.

2) 유러피언 조형형태

데코라티브	형태조형	식생	포멀리니어
대부분 대칭	컴팩트하고 닫힌 윤곽을 가진 작품	자연의 모범	선명한 형태와 선을 가진 식물을 선호
자연적인 풍성함	식물의 형태를 기초로 삼음	자연을 해석함	대부분 파라렐 배열
그룹화와 단짓기 배열	가치형태와 운동성 형태를 고려하지 않음	식물사회학에 유의 식물의 가치	대부분 비대칭
시각적인 균형	대부분 군집적인 형태를 사용함	가치형태와 운동성 형태에 유의	적은 소재
화려한 꽃과 잎의 형태	소재의 성격이 작품에 종속됨	소박한 화기	운동성의 대비
운동성 형태에 유의		빈 공간이 매우 중요함	색의 대비

가치형태를 무시할 수 있음			가치형태를 항상 고려하는 것은 아님
			적합한 화기가 매우 중요함

Chapter 01. 절화상품 작업 준비　069

기출문제

★1. 다음 중 방사상 구성으로 이루어진 형태가 아닌 것은?

① 반구형　　② 역T자형
③ 병렬형　　④ 수평형

| 해설 |
- 방사상 구성 : 한 점에서 출발하여 상하좌우로 뻗어 나가는 것으로 모든 줄기는 한 점에서 만나는 구성
- 병렬형 : 병렬형은 각각의 줄기가 서로 다른 초점을 가지고 있으며 끝이 보여도 만나지 않는다.

★2. 부채형 디자인에 대한 설명으로 틀린 것은?

① 평면적인 디자인으로 대칭적 균형을 이루면서 형식적이고, 잘 계획된 외관을 가진다.
② 밑변의 반지름과 높이가 1:1.4 비율로 만들면 아름다운 부채형을 만들 수가 있다.
③ 부채형으로 구성한 어레인지먼트로 초점지역으로부터 방사형으로 구성된다.
④ 골격을 이루는 선 모양의 소재들 사이의 양성적 공간은 방사형 라인을 강조해 주는 역할을 한다.

| 해설 |
- 부채형 디자인은 부채를 편 모양으로 포컬 포인트로부터 방사선으로 구성된다. 평면적인 이 디자인은 대칭적으로 균형을 이루며, 선 모양의 골격을 이루는 소재들 사이의 빈 공간이나 음성적인 공간은 매스 디자인에서 방사형 라인을 강조해 주는 역할을 한다.

★3. 중심축을 기준으로 사방으로 균일하게 꽂는 형으로 가장 적합한 것은?

① 분리형　　② 복합형
③ 방사선형　　④ 부하형

| 해설 |
방사 배열(하나의 생장점) : 한 점에서 출발하여 상하좌우로 뻗어 나가는 방법이다. 한두 줄기로 표현하기보다는 여러 줄기로 표현할 때 확실하다. 방사형의 특징은 모든 줄기는 한 점에서 만난다는 것이다.

answer　1. ③　2. ④　3. ③

기출문제

★4. 다음과 같은 고려사항이 요구되는 유러피언 스타일(european style)의 디자인은?

> - 세 개의 서로 다른 크기의 그룹주, 역, 부으로 구성되는 비대칭적 질서가 일반적이다.
> - 자연에서 보듯 생장점출발점이 종종 화기 안에 한 점에 있는 듯이 보인다.
> - 꽃의 가치효과와 운동성, 색상, 용기선택 등을 고려해야 한다.

① 식생형 vegetative
② 장식형 decorative
③ 형-선형적 구성 formal-linear
④ 병행형 parallel

| 해설 |

- 장식형(decorative) : 대부분 대칭형의 작품으로 시각적인 균형이 맞고 그룹화와 단짓기 배열이 주로 나타난다. 화려한 꽃과 잎의 형태를 사용하며 운동성의 형태에 유의하지만 식물의 가치는 무시할 수 있다.
- 형-선형적 구성(formal-linear) : 선명한 형태와 선을 가진 식물을 선호하며 대부분 파라렐의 배열을 가지고 비대칭적인 작품 나타낸다. 비교적 적은 소재를 사용하여 운동성, 색의 대비를 나타내고 적합한 화기를 선택하는 것이 매우 중요하다.
- 병행형(parallel) : 병렬형은 각각의 줄기가 서로 다른 초점을 가지고 있으며 끝이 보여도 만나지 않는다.

answer 4. ①

8 절화 화훼장식의 표현기법 및 와이어링 기법

1) 화훼장식 표현기법

① 베이싱 기법

작품의 베이스가 되는 부분의 완성도를 높이기 위해 사용되는 기법으로 형태, 색상, 질감의 대비를 주는 데 효과적이다.

구 분	기 법
테라싱 기법 terracing / 계단식	납작한 모양의 유사한 재료를 수직 또는 수평으로 꽂아 계단처럼 표현하는 기법이다.
파베 기법 pave / 보석박기	보석 공예에서 유래된 기법으로 보석을 박듯이 꽃들을 빈 공간 없이 빽빽하게 배열, 재료의 높이를 같게 하면서 플로랄폼이 보이지 않도록 하여 일정한 패턴을 만들어 내는 기법이다.
필로잉 기법 pillowing / 둥근모양	쿠션, 베개, 구름, 언덕 등의 모양을 형성하여 아랫부분에 낮게 배치하여 볼륨감을 주는 기법이다.
스태킹 기법 stacking / 쌓기	재료와 재료 사이에 공간을 주지 않고 장작을 쌓는 것처럼 질서 정연하게 쌓아 올리는 기법으로 매우 입체적이다.
클러스터링 기법 clustering / 무리짓기	송이를 이룬다는 뜻으로 가치가 낮거나 작은 소재들을 색상과 질감이 같은 개체끼리 묶어 하나의 덩어리로 모으는 기법이다.
레이어링 기법 layering / 겹치기	같은 소재를 나란히 포개어 겹치는 기법으로 재료와 재료 사이에 공간없이 겹쳐 쌓아 올린다.

② 묶는 기법

여러 가지 소재를 묶거나 결합하는 기법으로 장식이나 소재의 물리적 결합을 목적으로 할 때 활용한다.

구 분	기 법
밴딩 기법 banding / 묶기	기능성보다는 장식성을 목적으로 한다. 소재의 줄기 부분을 묶는 기법으로 작품의 한 부분을 강조할 때도 쓰인다.
바인딩 기법 binding / 결속	주로 기능성을 목적으로 하여 세 개 이상의 줄기를 묶는 기법으로 디자인의 안전성을 위해 재료를 함께 묶는다. 병행 꽃다발의 경우 장식적으로도 사용된다.
번들링 기법 bundling	볏단, 옥수수, 계피 막대 등 유사하거나 동일한 소재들을 모아 다발로 묶어서 장식하는 방법이다.

타잉 기법 tying	소재의 줄기 부분을 끈이나 줄 등으로 단단하게 고정하여 묶는 방법이다.
와인딩 기법 winding	소재를 휘어 감는 방법이다.

③ 디자인 기법

화훼장식에서 시각적인 움직임을 강조하거나 독립적으로 사용할 수 있지만 지나치게 많이 사용하게 되면 작품이 조화롭지 못하고 오히려 작품의 단점이 될 수도 있다.

구 분	기 법
쉐도잉 기법 shadowing / 그림자	그림자 효과를 내는 기법으로 소재의 위나 아래쪽에 같은 소재를 하나 더 배치한다.
조닝 기법 zoning / 구역나누기	소재의 색상이나 종류를 구역화하는 기법이다. 그룹핑 기법과 비슷하나 꽃의 높이나 특징이 구역별로 나타나며 이 때 한정된 구역이 존zone을 의미한다.
패러렐 기법 parallel/ 평행	각각의 줄기나 줄기의 그룹들이 선이 향하는 방향에 따라 평행을 이루도록 일정한 간격을 유지하여 배열하는 기법이다. 수직 평행, 수평 평행, 사선 평행 등이 있다.
프레이밍 기법 framing / 구상	작품 안의 어떤 특정 부분을 강조하기 위하여 테두리를 만드는 기법으로 소재를 가장자리에 배치하여 테두리처럼 만드는 기법이다.
시퀀싱 기법 sequencing / 차례	소재의 크기, 색상 높이를 점차적으로 변화시킴으로써 리듬감을 표현하기 좋은 기법이다. 점진적 변화와 패턴을 창조한다.
그룹핑 기법 grouping / 집단화	같은 종류의 소재들을 모아 각각의 특성이 돋보이게 하는 기법이다.
베일링 기법 veiling	가볍고 투명한 막을 여러 겹으로 만드는 기법으로 아랫부분에 배치한 재료들을 가볍게 표현한다. 아스파라거스, 베어그라스, 스마일락스, 엔젤헤어 등을 주재료로 사용할 수 있다.
리무빙 기법 removing	꽃잎을 제거하여 전혀 다른 형태로 변화시키는 방법이다. 장미, 거베라, 해바라기 등을 주재료로 사용할 수 있다.
쉘터링 기법 sheltering	감싸거나 둘러싸서 안에 있는 재료를 보호하고 내용물을 강조하거나 호기심을 유발하는 방법이다.
마사징 기법 massaging	가지나 줄기를 손으로 부드럽게 마사지하듯 만져주어 굽히거나 곡선을 만들어 주는 방법이다.
섹셔닝 기법 sectioning	소재와 소재 또는 한 구역과 다른 구역을 구분하는 방법이다.

[그림 6-1] 디자인 기법 1   [그림 6-2] 디자인 기법 2

④ 프레이밍 제작기법

구 분	기 법
클램핑 기법 clamping	소재를 빽빽하게 밀집시키고 그 사이에 다른 소재를 고정시키는 방법이다.
프로핑 기법 propping	소재를 고정하거나 지탱하기 위한 수단으로 버팀목 같은 역할을 한다.
노팅 기법 knotting	소재와 소재를 묶어서 고정하는 기법으로 구조를 짜는 데 가장 많이 이용된다.
커넥션 기법 connection	용기와 소재를 결합해서 용기의 부족한 부분을 보완하는 역할을 한다. 이때 용기와 구조물을 단단하게 결합하여야 한다.
피닝 기법 pinning	끝이 날카로운 핀을 이용하여 고정하는 방법으로 재료를 원하는 위치에 고정할 때 활용한다.

기출문제

★1. 시퀀싱 기법을 바르게 설명한 것은?

① 그림자 효과를 내는 기법으로 소재의 위나 아래쪽에 같은 소재를 배치한다.
② 소재의 크기, 색상 높이를 점차적으로 변화시킴으로써 리듬감을 표현하기 좋은 기법이다.
③ 같은 종류의 소재들을 모아 각각의 특성이 돋보이게 하는 기법이다.
④ 소재의 색상이나 종류를 구역화하는 기법이다.

| 해설 |
① 쉐도잉 기법
③ 그룹핑 기법
④ 조닝 기법

★2. 볏단, 밀짚다발, 옥수수대 등을 이용하여 같은 재료 또는 비슷한 재료를 단단히 묶는 기법은?

① 조닝　　　② 시퀀싱
③ 번들링　　④ 테라싱

| 해설 |
여러 가지 소재를 묶거나 결합하는 기법으로 장식이나 소재의 물리적 결합을 목적으로 할 때 활용하는 묶는 기법 중 번들링 기법은 볏단, 옥수수, 계피 막대 등 유사하거나 동일한 소재들을 모아 다발로 묶어서 장식하는 방법이다.

★3. 하나로 묶어서 결합시키는 기법이 아닌 것은?

① 바인딩　　② 랩핑
③ 그룹핑　　④ 밴딩

| 해설 |
• 묶는 기법 : 여러 가지 소재를 묶거나 결합하는 기법으로 장식이나 소재의 물리적 결합을 목적으로 할 때 활용하는 묶는 기법 예 바인딩, 밴딩, 번들링, 타잉, 와인딩
• 그룹핑 : 같은 종류의 소재들을 모아 각각의 특성이 돋보이게 하는 기법

★4. 다음 중 상대적으로 깊이감이 덜 요구되는 기법은?

① 쉐도잉 기법　　② 그룹핑 기법
③ 파베 기법　　　④ 테라싱 기법

| 해설 |
파베 기법 : 보석 공예에서 유래된 기법으로 보석을 박듯이 꽃들을 빈 공간 없이 빽빽하게 배열, 재료의 높이를 같게 하면서 플로랄 폼이 보이지 않도록 하여 일정한 패턴을 만들어내는 기법

answer　1.②　2.③　3.③　4.③

2) 와이어링 기법

철사 와이어링은 약한 줄기 또는 화관을 지지하고 재료를 파손 없이 사용하거나 인공적으로 줄기를 만드는 등 재료를 용이하게 다루기 위하여 자주 사용된다.

구 분	기 법
트위스팅 메소드 twisting method	하나씩 철사 처리하기에 지나치게 작은 꽃 필러 플라워이나 가지, 줄기를 모아서 묶는 방법이다. 직접 철사를 관통시키거나 줄기 혹은 잎에 꽂아 줄 수 없을 때 활용한다.
피어싱 메소드 piercing method	꽃받침이나 씨방, 줄기 등에 가로지르기로 와이어를 통과시킨 후 양쪽 철사를 직각으로 구부려 감는 방법이다.
크로스 메소드 cross method	피어싱 기법을 쓰되 두 줄의 철사를 십자 모양이 되게 꽂아 내려서 꽃을 안정되게 하고 꽃이 필요 이상 개화되지 않도록 하는 기법이다.
인서션 메소드 insertion method	줄기가 약하거나 줄기 속이 비어 있는 상태의 꽃을 자연줄기 그대로 살리고 싶을 때 와이어를 줄기 속에서 수직으로 아래에서 위로 꽂아 주는 기법이다.
훅 메소드 hook method	주로 국화과 식물에 처리하는 것으로 와이어 끝을 1cm 가량 갈고리 모양으로 구부려서 화관 위에서부터 찔러 넣고 갈고리 모양이 꽃 속에 묻혀 보이지 않을 때까지 아래로 당겨 준다. 두상화서의 많은 소화들이 흘러내리지 않도록 하고, 화관의 머리 방향을 조절해 줄 수 있는 방법이다.
헤어핀 메소드 hairpin method	주로 평면적인 잎에 많이 사용한다. 철사로 잎의 1/2~1/3 지점을 살짝 뜬 후 줄기 방향으로 U자로 구부려 내리는 방법이다.
소잉 메소드 sewing method	꽃잎을 두세 장 겹쳐서 철사로 바느질하듯 와이어로 떠 주는 방법으로 늘어지기 쉬운 잎을 고정하거나 통꽃류를 한꺼번에 철사 처리할 때 많이 사용한다.
루핑 메소드 looping method	철사를 동그란 고리 모양으로 만든 후 관이나 통 모양으로 핀 꽃의 윗부분에서 꽂아 내려 인공 줄기를 만들어 고정시키는 방법이다.
시큐어링 메소드 securing method	줄기가 약하거나 곡선을 내기 위해 구부려 주어야 할 때 나선형으로 줄기를 감아 보강해 주는 것이다.
익스텐션 메소드 extension method	줄기가 짧거나 사용한 철사가 약할 때 철사로 줄기를 연장해 주는 방법이다. 철사 처리를 한 부케를 제작하거나 페더링한 철사를 보강할 때 활용한다.
페더링 feathering	큰 꽃의 꽃잎을 분해하여 가벼운 깃털처럼 새로운 꽃으로 만드는 방법이다.
개더링 gathering	분화된 꽃잎을 모아서 크기나 모양에 변화를 주는 방법이다.
컬리큐즈 curlicues	철사에 플로랄 테이프를 감은 후 그 위에 리본을 감아 여러 가지 모양을 내는 것이다.
클러치 clutch	난 종류에 많이 사용하며 난 얼굴을 하나하나 와이어링할 때 사용한다.

기출문제

★1. 아이비 잎에 철사를 사용하여 머리 핀 모양으로 구부려서 잎이나 꽃에 꽂아 보강하는 방법은?

① 헤어핀 방법　　② 피어싱 방법
③ 크로싱 방법　　④ 훅킹 방법

★2. 철사(Wire)처리법으로 낚싯바늘 모양으로 구부려서 사용하는 방법은?

① 헤어핀법 Hair pin method
② 후크법 Hook method
③ 트위스트법 Twist method
④ 인서션법 Insertion method

★3. 시큐어링 기법을 바르게 설명한 것은?

① 사용한 철사가 약하거나 짧을 때 줄기를 연장해 주기 위해 사용하는 방법
② 꽃의 약한 줄기를 보강해 주거나 줄기를 구부릴 때 그 줄기를 보강하기 위해 사용하는 방법
③ 와이어 줄기를 한 개로 하는 방법으로 굵은 와이어의 끝을 갈고리 모양으로 구부려서 줄기에 따라 감아 내린 방법
④ 씨방이나 꽃받침 부분의 줄기에 철사를 직각이 되게 찔러 넣고 두 가닥이 되게 구부리는 방법

| 해설 |
- 피어싱 : 꽃받침이나 씨방, 줄기 등에 가로지르기로 와이어를 통과시킨 후 양쪽 철사를 직각으로 구부려 감는 방법이다.
- 크로싱 : 피어싱 기법을 쓰되 두 줄의 철사를 십자 모양이 되게 꽂아 내려서 꽃을 안정되게 하고 꽃이 필요 이상 개화되지 않도록 하는 기법이다.
- 훅킹 : 주로 국화과 식물에 처리하는 것으로 와이어 끝을 1cm 가량 갈고리 모양으로 구부려서 화관 위에서부터 찔러 넣고 갈고리 모양이 꽃 속에 묻혀 보이지 않을 때까지 아래로 당겨준다.

| 해설 |
- 헤어핀 : 주로 평면적인 잎에 많이 사용한다. 철사로 잎의 1/2~1/3 지점을 살짝 뜬 후 줄기 방향으로 U자로 구부려 내리는 방법이다.
- 트위스트 : 하나씩 철사 처리하기에 지나치게 작은 꽃(필러 플라워)이나 가지, 줄기를 모아서 묶는 방법이다.
- 인서션 : 줄기가 약하거나 줄기 속이 비어 있는 상태의 꽃을 자연줄기 그대로 살리고 싶을 때 와이어를 줄기 속에서 수직으로(아래에서 위로) 꽂아 주는 기법이다.

| 해설 |
- ① 와이어링 기법 - 익스텐션 기법
- ③ 와이어링 기법 - 후크 기법
- ④ 와이어링 기법 - 피어싱 기법

answer　1.①　2.②　3.②

9 화훼 디자인요소 및 원리

1) 화훼장식 디자인 요소 및 원리

화훼장식의 디자인 요소들은 각각의 재료들이 가지고 있는 기본적인 시각적 특성이며 그러한 특성을 가지고 자연의 법칙에 따라 만들어 내는 디자인의 가이드라인을 디자인 원리라고 한다. 이러한 디자인 요소와 원리를 잘 적용하여 절화 상품을 만들어야 한다.

① **디자인 요소**

㉠ 선 line

모양과 구조, 높이, 넓이, 깊이를 제공한다. 선의 사용은 눈의 움직임과 리듬을 증대시켜 시각적 효과를 더해 준다. 선을 능숙하게 사용하면 구성이 강해지고 리듬과 시각적인 즐거움을 한층 더해 준다.

직선	- 가장 간결한 형태 - 단순함 - 직접적 느낌 - 인공적, 논리적, 이성적	수직선	강직함, 간결함, 엄숙함, 숭고함, 상승
		수평선	평온함, 평화, 정적, 안정, 확대
		사선	불안함, 운동감, 긴장, 속도감, 방향감
곡선	- 여성적인 느낌 - 부드럽고 우아함 - 자연적, 관념적, 감정적, 섬세함	원	자유로움, 원만함, 유연함, 만족감, 안정성
		C자곡선	긴요함, 부드러움
		S자곡선	우아함, 매력적임
		와선	복잡함, 불명료함

㉡ 형태 form

형태란 물건의 입체적인 면을 가리킨다. 소재들이 나타내는 물체의 구조, 윤곽을 일컬으며, 쉽게 말하면 모양이라 말할 수 있다.

완성된 꽃 디자인은 다양한 작은 모양들의 조합이다. 그러므로 모양을 살피는 것이 중요하며 디자인의 다양한 모양은 흥미를 더해 주고 시각적인 만족감을 주는 데 필수적이다.

㉢ 공간 space

음성적인 공간과 양성적인 공간, 빈 공간을 두드러지게 하는데 필수적이다. 흔히 지나치기 쉬운 경향이지만 선과 형태의 중요도를 높여 주는 역할을 한다.

음성적공간 Negative space	꽃꽂이 소재들이 사용되지 않은 영역으로 소재들 사이의 빈 공간, 즉 여백을 말한다.	
양성적 공간 Positive space	꽃꽂이 소재들이 사용된 영역으로 소재가 조밀하게 가득 채워진 부분이다.	
연결구역, 빈공간 Voids	소재들을 다른 디자인의 부분과 연결하는 선명하고 뚜렷한 선의 공간이다. 역동적인 구역을 나타낸다.	

ㄹ 질감 texture

사물 혹은 어떤 요소의 표면적인 특징을 뜻하는 질감은 시각적인 특징과 촉감적인 특징으로 분류할 수 있는데, 화기나 꽃, 잎 등이 그 안에 포함된다. 일반적으로 질감은 거칠거나 매끄럽고, 빛이 나거나 우중충하고, 조잡하거나 정교한 것으로 설명되고 있다.

ㅁ 색 color

눈이 빛에 대하여 느끼는 지각의 하나이다. 꽃의 조형에 있어서 색채는 인간의 시각에서 발생하는 감각으로 주관적인 감성이 보다 큰 것이라고 생각할 수 있다. 특히 꽃의 조형에서는 배색이 중요한 요인이 된다.

② 디자인 원리

㉠ 구성 composition

작가의 사상이나 감정을 표현하기 위하여 소재素材와 주제主題를 시간과 장소, 그리고 목적에 따라 꽃을 구성하고 어떻게 배열할 것인가 등 우선적으로 고려해야 할 요소 중 하나이다.

㉡ 균형 balance

플라워 디자인에는 물리적 균형과 시각적 균형이 있다. 이러한 균형에는 대칭적균형과 비대칭적균형 그리고 개방적균형 등 세가지 유형으로 나누어진다.

㉢ 비율 proportion

꽃과 화기간의 비율, 색채적 비율, 소재와 소재간의 비율 등 비율은 균형과도 밀접한 관련이 있다. 우리가 그동안 자주 접했던 황금분할1:1.618이 그 예이다.
시각적인 비율뿐만 아니라 물리적인 균형에도 영향을 준다. 비율은 단순한 수치적인 관계뿐만 아니라 꽃의 형태와 움직임·재질·색채 등을 포함한 종합적이고 시각적인 감성에 의해 판단되는 것이다.

ⓔ 통일감 unity

통일감이라는 단어는 하나가 된 상태, 혹은 단일화된 상태 그리고 본질적으로 완벽하게 보이는 상태라는 정의된다. 플라워 어레인지먼트에서의 완벽한 통일감은 의식에서 빚어지는 효과로서 어레인지먼트의 용도와 놓는 위치뿐만 아니라, 플라워 디자이너들이 부분들을 선택할 수 있는 기술을 포함한다. 플라워 디자인에서의 통일감을 잘 표현해 주는 요소에는 접근, 반복, 전이가 있다.

ⓜ 조화 harmony

플라워 디자인의 중요한 구성 요소로 일정한 주제와 목적을 이루기 위하여 디자인의 소재들을 알맞게 배치하는 것이다. 또한 사용하여야 할 소재와 액세서리, 화기와 소재와의 조화, 색채와의 조화 등 필요한 목적과 양식에 따라 조화는 매우 중요한 요소이며, 플라워디자인에 있어서 완성도를 높여 주는 중요한 원리요소 중 하나이다.

ⓗ 리듬 rhythm

원래 음악적인 용어이지만 디자인의 요소로 이용되며 각 요소, 형태가 일정한 순환과 흐름의 움직임이 반복되는 패턴과 어레인지먼트로 우아한 공간에서 지속되는 움직임의 효과라 할 수 있다. 리듬의 요소로서는 반복 repetition, 방사형 라인 radiation line, 전이 transition가 있다. 또한 지루할 수 있는 디자인적 요소를 율동을 통해 작품에 생기를 주며 전체적 조화를 이끌어 낼 수 있다.

ⓢ 강조 focal

쪼컬 포인트와 밀접하게 관련되어 있는 강조는 시각적으로 한 가지 특징에 집중시키고 작품의 흥미를 유발하는 중심 초점이라 할 수 있다. 포컬 포인트는 어레인지먼트에서 강조점을 만들기 위한 방법의 하나이다. 그 밖에도 질감, 색상, 꽃의 종류 그리고 움직임 등이 강조점을 만들기 위해 사용된다.

ⓞ 대비 contrast

서로 다른 성질을 가진 형태나 질감, 색상을 강조하는 방법이며 다른 구성 성분의 것을 근접하게 사용함으로써 원래 갖고 있던 특성을 더욱 강조시키고 긴장감을 조성한다.

기출문제

★1. 리듬을 만드는 방법에 해당하지 않은 것은?

① 색의 규칙적인 반복 사용
② 같은 형태의 꽃을 반복 사용
③ 색의 연계
④ 이질적인 색을 동일 양으로 사용

| 해설 |
리듬은 형태가 일정한 순환과 흐름의 움직임이 반복되는 패턴과 어레인지먼트로 우아한 공간에서 지속되는 움직임의 효과라 할 수 있다. 리듬의 요소로서는 반복(repetition), 방사형 라인(radiation line), 점이(transition)가 있다. 또한 지루할 수 있는 디자인적 요소를 율동을 통해 작품에 생기를 주며 전체적 조화를 이끌어 낼 수 있다.

★2. 황금비율을 가장 바르게 나열한 것은?

① 8:4:1
② 8:3:1
③ 8:5:3
④ 8:6:3

| 해설 |
황금비율 1 : 1.618을 기준으로 8:5:3이 알맞은 황금비율이다.

★3. 화훼장식 디자인의 원리와 요소에 대한 설명으로 틀린 것은?

① 색color은 유일하게 촉각에 호소하는 요소로서 균형, 깊이, 강조, 리듬, 조화와 통일을 이루는 데 사용된다.
② 균형balance은 물리적 균형과 시각적 균형이 모두 존재할 때 안정감을 준다.
③ 디자인을 완성시키는 데 있어서는 시간, 장소, 목적을 존재할 때 안정감을 준다.
④ 디자인의 압도적인 느낌을 주도하며 흥미를 유발하는 시각적 활동의 중심을 초점이라 한다.

| 해설 |
색(color)은 눈이 빛에 대하여 느끼는 지각의 하나이다. 꽃의 조형에 있어서 색채는 인간의 시각에서 발생하는 감각으로 주관적인 감성이 보다 큰 것이라고 생각할 수 있다. 특히 꽃의 조형에서는 배색이 중요한 요인이 된다.

answer 1. ④ 2. ③ 3. ①

기출문제

★4. 디자인의 원리의 설명으로 틀린 것은?

① 반복에서 동감動感을 느낀다.
② 리듬은 선의 고조, 대소, 반복에서 느낀다.
③ 유사類似 조화는 공통점이 없어 조화하기 쉽다.
④ 통일이란 각 부분이 전체적인 부분으로 완성되어 가는 것이다.

| 해설 |
유사조화는 공통점을 가지고 있어 잘 어울리도록 조화하기 쉽다.

★5. 다음 중 황금비 1:1.618 과 가장 거리가 먼 것은?

① 3:5　　② 5:8
③ 8:13　　④ 13:26

answer　4. ③　5. ④

10 색채학

1) 색의 성질

색의 성질은 색상, 명도, 채도의 세 가지 속성으로 생각할 수 있으며 이를 색의 3요소라고 한다. 명도, 색상, 채도 순으로 사람의 눈은 예민하다. 색의 양상에 따라 우리들이 일상 경험하는 색 중에 물체가 가지고 있는 것처럼 보이는 색을 물체색이라고 하고, 물체색 중에서도 물체의 표면에서 반사하는 빛이 나타내는 색을 표면색, 투과하여 빛이 나타내는 색을 투명면색으로 다시 분류하는 학자도 있다. 표면색 중에도 거울처럼 평활한 표면에 비추이는 색을 경영색, 금속표면을 말할 때 일반적으로 사용되는 금속색이라 하며, 인쇄 잉크와 도료에도 금속색이 많이 사용되고 있다. 투명한 색 중에도 유리병속의 액체나 얼음 덩어리처럼 3차원 공간의 투명한 부피를 느끼는 색을 공간색 이라고 한다.

2) 색의 3속성
① 색상

색상은 색채에 빨강, 파랑, 노랑, 녹색 등과 같은 이름을 부여하여 각각의 색채를 다른 것들과 구별해 주는 역할을 하는 것이다. 성질이 비슷하다고 느껴지는 색을 순서대로 배열해 보면 빨강, 주황, 노랑, 황록, 녹, 청록, 파랑, 청자, 보라, 적자와 같이 되어 빨강으로 되돌아온다. 이와 같이 색상에 대한 감각의 변화는 순환적이라고 말하며, 이처럼 색상을 둥글게 나열한 것을 색상환 또는 색환이라고 부른다.

② 채도

색의 순수한 정도 색채의 포화상태 색채의 강약을 나타내는 성질을 채도 또는 포화도라고 한다. 색의 채도가 낮거나 중간적인 정도를 톤이라고 한다. 색은 순색에 가까울수록 채도가 높으며, 다른 색상을 가하면 채도가 낮아진다. 따라서 색채혼합을 할 때 여러 색을 섞으면 섞은 만큼 채도가 낮아진다. 결국 가장 낮은 채도는 무채색이다.

③ 명도

색상끼리의 명암상태, 색채의 밝기를 나타내는 성질 등의 밝음의 감각을 척도화한 것을 명도라고 한다. 한 색상의 명도는 흰색을 섞으면 명도가 높아지고 검정색을 섞으면 명도가 낮아진다. 즉 흰색을 섞어서 엷은 색을 만들고 회색을 섞어서 톤을 만들며, 검은 색은 음영을 만든다. 색채이론을 적용하는 데에는 규칙이 있다. 밝은 틴트와 톤은 어두운 것들보다 더 많은 양을 사용해야 한다. 세 가지 색을 포함하고 있는 어레인지먼트에서는 꽃의 65%가 밝은 명도여야 하고, 25%는 중간계열, 10%가 가장 어두워야 한다는 것이 중요한 원칙이다. 가장자리에는 가장 밝은 색을 사용하고 중앙과 가장 가까운 곳에는 중간 명도를 사용한다. 초점지역에는 가장 어두운 명도를 섞는다.

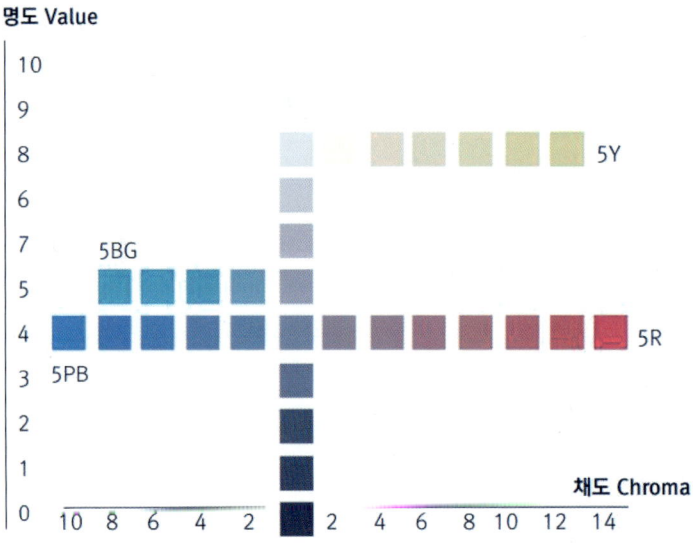

[그림 7-1] 먼셀 표색계의 명도와 채도

3) 먼셀의 표색계

미국의 화가이며 색채연구가인 먼셀Albert Munsell, 1858-1919에 의해 1905년에 창안되었고, 그 후 개량되어 1940년 미국광학협회에 의하여 수정된 수정먼셀표색계가 표준색표로서 현재 통용되고 있는 먼셀표색계이다. 우리나라에서도 이 표색계를 '색의 3속성에 의한 방법'이란 제목으로 한국공업규격에서 채택하였고, 색채교육용으로도 채택된 표색계이다.

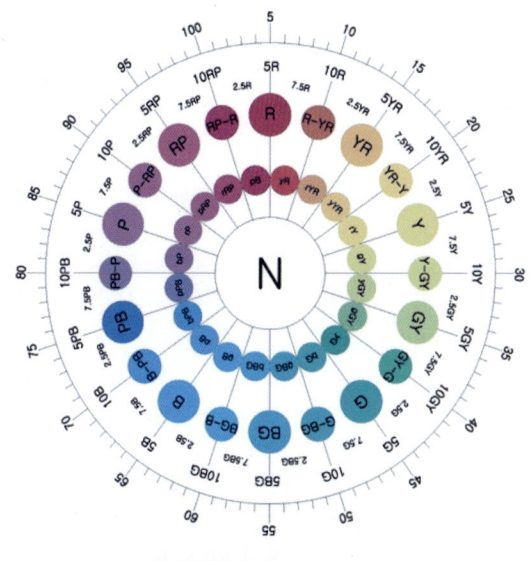

[그림 7-2] 먼셀의 표색계

① **먼셀 기호 표기법**

색의 표기는 색상, 명도, 채도의 순으로 기호로는 H V/C로 표기한다. 예를 들면, 5R 3/10으로 표기된 색은 색상 5R, 명도 3, 채도 10인 색상이다. 이 색상은 높은 채도와 낮은 명도를 지닌 기본 빨강임을 알 수 있으며, 읽을 때는 5R 3의 10이라고 읽는다.

② **먼셀 색입체**

먼셀의 색입체는 색의 3속성을 3차원적인 공간의 형태로 만든 것이다. 명도 순으로 된 무채색을 흰색이 위로 검은색이 아래로 향하도록 한 세로축을 중심에 세우고, 주위의 원주에는 색상을 배열시키고, 중심에서 원주의 바깥 둘레를 향하는 가로축을 채도로 구성하였다. 이때 색상은 스펙트럼 순으로 둥글게 배열하고, 각 색상의 명도는 무채색의 축과 일치하게 위로 올라가면 고명도, 아래로 내려가면 저명도가 되도록 하였다. 채도는 중심축으로 들어가면 저채도, 바깥 둘레로 나오면 고채도가 되도록 계통적인 배열을 하였다.

먼셀 색입체의 수평 단면은 동일 명도상의 각 색상 및 채도 단계를 관찰할 수 있는 등명도면이 되며, 수직 단면은 동일 색상의 명도 및 채도 단계를 관찰할 수 있는 등색상면 뿐만 아니라 반대 색상의 명도 및

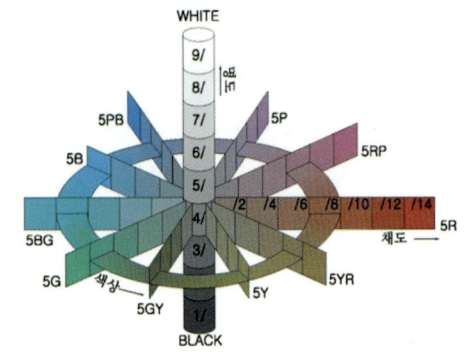

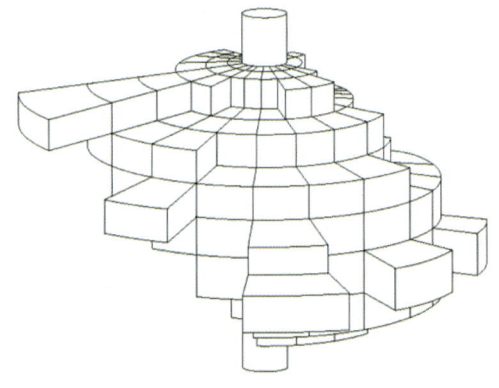

[그림 7-3] 먼셀 색입체의 구성(위), 먼셀 3차원 색입체 모형(아래)

채도 단계를 관찰할 수 있는 보색 색상면이 된다. 또한 명도의 축과 같은 거리의 원통 단면은 동일 채도의 색상 및 명도 단계를 관찰할 수 있는 등채도면이 된다.

4) 색의 혼합
① 가산혼합
색광의 혼합으로 스펙트럼을 3등분하여 이들의 파장범위를 대표하는 세 가지 색인 적, 녹, 청자를 혼합하면 적과 녹의 혼합은 황색, 녹과 청자의 혼합은 청, 적과 청자의 혼합은 적자, 그리고 3색을 동시에 혼합하면 백색광이 된다. 적, 녹, 청자를 가산 혼합의 3원색이라 한다.

② 감산혼합
물감의 혼합으로 삼원색인 청, 적자, 황색을 혼합하면 청과 적의 혼합은 청자, 적자와

황색의 혼합은 적, 청과 황색의 혼합은 녹, 그리고 3색을 동시에 혼합하면 검정이 된다. 청, 적자, 황색을 감산혼합의 3원색 또는 색광의 3원색에 대한 색료의 3원색이라 한다.

③ 중간혼합

두 가지 이상의 색을 혼합할 때 색의 수에 관계없이 혼합결과 색의 명도가 혼합하는 색의 평균명도가 되는 것으로, 회전판에 두 가지 색을 따로 칠하여 돌려 혼합되는 두 가지 평균 명도를 말한다.

④ 병치혼합

두 가지 이상의 색의 선이나 점이 서로 인접한 색으로 인하여 중간색상으로 보이는 경우로 모자이크, 점묘법, 직물의 색 등에 이용된다. 원색들을 혼합하지 않고 배치하면 혼합되어 보이면서도 원색들이 채도가 떨어지지 않아 물감을 섞었을 때보다 훨씬 선명하고 밝아 보이는 경우로 색이 선명해지는 혼합방법이다.

5) 한국의 전통색, 오방색

음양오행사상에 의한 한국인의 전통색인 오방색은 중앙은 노랑으로, 동쪽은 청색으로, 서쪽은 흰색으로, 남쪽은 빨강으로, 북쪽은 검정으로 표현한다. 그리고 각 색이 위치하는 오방의 사이에 검정과 파랑 사이에 초록을, 파랑과 빨강 사이에 보라색과 하늘색을, 빨강과 흰색 사이에 분홍색, 흰색과 검정 사이에 황토색을 두고 오간색이라고 한다. 오방색을 먼셀기호로 표시하면 빨강은 다홍색에 가까운 빨강색으로 명도는 3.4, 채도는 11.4의 해맑은 색에 가까운 색이며, 파랑은 감청에 가까운 남색으로 명도가 2.2, 채도가 10.1인 해맑은 색에 가까운 색이다. 노랑7.5Y 8.7/9.1은 노랑연두에 가까운 노랑으로 명도가 7.5, 채도가 9.1인 해맑은 색에 가까운 색이고, 검정N1, 흰색 N9이다. 오간색은 분홍, 하늘색, 보라색, 유황색, 초록색으로 먼셀기호로 표시하면 분홍은 연지에 가까운 빨간색으로 명도가 4.2, 채도가 15.1인 해맑은 색에 가까운 색이고, 하늘색은 감청에 가까운 남색으로 명도가 4.9, 채도가 9.8인 해맑은 색에 가까운 색이며, 보라는 연지에 가까운 자주로 명도가 2.2, 채도가 6.1의 칙칙한 톤에 가까운 색이고, 유황색은 귤색에 가까운 노랑으로 명도가 6.3이고, 채도가 5.8인 칙칙한 톤에 가까운 색이며, 초록은 청록에 가까운 녹색으로 명도가 3.5, 채도가 3.9인 어두운 톤의 색이다.

6) 색의 대비

① 색상대비

색상대비는 가장 맑고 선명한 모든 색을 통해 표현될 수 있기 때문에 색-보기에 요구되는 것이 별로 없다. 하얀색-검은색이 가장 강한 명암대비를 표현하는 것처럼 노란색, 빨간색, 파란색이 색상대비의 가장 강한 표현이다. 이 대비를 표현하기 위해서는 최소한, 분명하게 서로 떨어져 있는 3가지 색이 필요하다. 효과는 항상 화려하고 강렬하고 단호하며 사용된 색이 1차색에서 멀면 멀수록 색상대비 효과의 강도는 줄어든다.

② 명암대비

정반대의 대비로서 빛과 어둠, 밝음과 어두움은 인간의 삶과 전체 자연에 크고 근본적인 의미를 지닌다. 검은색과 하얀색의 효과는 모든 면에서 상반되며, 그 둘 사이에 회색톤과 유색이 있다. 구분할 수 있는 회색톤의 수는 눈의 시각 능력과 각 개인의 자극력에 좌우된다. 자극력은 훈련을 통해 정교해질 수 있다. 순수하고 선명한 포화색에서 노란색이 순색 중 가장 밝은색이며 보라색이 가장 어두운색 다홍색과 청록색이 그 사이에 있다.

③ 한난대비

색상환을 보면 노란색이 가장 밝은색이고 보라색이 가장 어두운색임을 알 수 있다. 이것은 이 두 색이 가장 강한 명암대비를 이루고 있음을 뜻한다. 노란색-보라색 축의 직각방향에 다홍색과 청록색이 있다. 이들이 한난 대비의 양극이다.

④ 보색대비

혼합해서 중성적인 회색이 되는 두 색을 보색이라고 부른다. 물리학적으로는 서로 혼합해서 하얀색의 빛이 되는 두 가지 색깔의 빛이 보색이다. 색상환에서 보색은 서로 맞은 편에 있다. 보색은 서로를 요구하며 이웃해 있을 때 색상이 더 선명하게 보인다. 혼합하면 회색이 된다.

⑤ 양적대비

양적대비는 2개 혹은 여러 개의 색상 면의 크기 비율과 관계가 있다. 따라서 이것은 많음과 적음, 큼과 작음의 대립이다. 면의 크기를 임의로 정해 색상들을 서로 구성할 수 있다. 이때 2가지 혹은 여러 색상 사이의 크기비율은 어떤 것인지 생각해야 한다. 우리는 크기비율과 관련하여 평형을 이루고 있다. 사용된 색 중에 다른 것보다 더 눈에 띄는 색은 없다고 말할 수 있다.

7) 색의 조화

① 2색 조화
색상고리 중앙을 중심으로 정반대편에 위치하는 색의 조화이다. 빨강과 녹색, 파랑과 주황은 색상환의 반대편에 위치한 보색으로 서로 조화한다는 이론이다.

② 3색 조화
색상고리에서 정삼각형을 이루는 세 가지 색의 조합이다. 3색조화에서 1차색 조화인 노랑, 빨강, 파랑은 가장 선명하고 강한 조화이다. 3색조화에서 한 지점이 흰색이면 두 색채는 보색을 이루는 색상의 어두운 단계로 조화되며, 한 지점이 검정이면 두 색채는 보색을 이루는 색상의 밝은 단계로 조화된다.

③ 4색 조화
색상고리에서 사각형을 이루는 꼭짓점의 4가지 색의 조화이다. 2조의 보색관계인 4색의 조화, 정사각형, 직사각형, 마름모, 사다리꼴의 모든 형태로 만나는 색채가 포함된다.

④ 5색 조화
색상고리에서 오각형을 이루는 5가지 색상의 조화이다. 또한 3색 조화에 흰색과 검은색을 더한 5가지 색도 5색 조화에 포함된다.

⑤ 6색 조화
색상고리를 5등분한 지점의 6가지 색의 조화이다. 또한 4색 조화에 흰색과 검은색을 더한 6가지 색도 6색 조화에 포함된다. 6색조화 색입체 속에서 밝은 단계와 어두운 단계로의 변화를 통한 여러 가지 다양한 조화를 이루어 낼 수 있다.

기출문제

★1. 먼셀(Albert H. Munsell) 색표계의 색을 표시하는 기호로 바른 것은?

① H C/V ② V H/C
③ C V/H ④ H V/C

| 해설 |
먼셀(Albert H. Munsell) 색표계에서 색의 표기는 색상, 명도, 채도의 순으로 기호로는 H V/C로 표기한다.

★2. 가법혼색(additive color mixture)의 삼원색에 속하는 색이 아닌 것은?

① 파랑색 Blue ② 노랑색 Yellow
③ 빨강색 Red   ④ 녹색 Green

| 해설 |
가법혼색의 삼원색 : 파랑색, 빨강색, 녹색

★3. 다음 중 먼셀 표색계에 대하여 바르게 설명한 것은?

① 색상 : H, 명도 : V, 채도 : C로 표기한다.
② 표기순서는 CV / H이다.
③ 먼셀 표색계의 채도는 10 단계이다.
④ 먼셀 색상환의 최초 색상 기준은 3 원색이다.

| 해설 |
먼셀(Albert H. Munsell) 색표계에서 색의 표기는 색상, 명도, 채도의 순으로 기호로는 H V/C로 표기한다. 채도는 14단계이며 먼셀 색상환의 색상기준은 5색으로 빨강, 노랑, 녹색, 파랑, 보라이다.

answer 1. ④ 2. ② 3. ①

Chapter 02

꽃다발 제작

1 꽃다발

　꽃다발은 꽃을 모아 줄기가 모이는 부분을 리본이나 끈으로 함께 묶는 기본적인 방법과 각각의 꽃을 와이어링과 테이핑을 한 후 그것들을 함께 묶는 방법, 꽃을 플로랄 폼 홀더에 꽂아 만드는 방법이 있으며, 여러 가지 방법을 동시에 사용하는 경우도 있다.

2 꽃다발 종류와 특성

자연줄기 꽃다발 natural stem bouquet	자연줄기를 이용하여 만든 꽃다발로 형태가 고운 줄기를 보이기 위하거나 싱싱한 줄기를 강조한 것이다, 칼라, 카네이션, 장미, 거베라, 안스리움 등의 선이 아름다운 줄기를 가진 꽃을 사용하여 장식 또는 증정용으로 만든다.
핸드타이드 부케 handtied bouquet	꽃이 붙어 있는 자연줄기를 그대로 사용하여 라피아나 리본 등으로 묶어서 캐주얼한 모습을 연출하는 증정용 꽃다발로 꽃의 생명이 오래 견딜 수 있어서 증정 받은 후 묶인 상태로 바로 화기에 꽂거나 줄기의 끝은 2~3cm만 물속에서 다시 자른 다음 화기에 담아서 공간장식을 할 수도 있다.
와이어로 줄기를 만든 꽃다발 wired bouquet	섬세하고 정밀한 꽃다발을 만들기 위하여 와이어링 기법을 사용하여 만든 꽃다발로 모든 소재의 줄기를 제거하고 그 줄기에 알맞는 인공줄기를 철사를 사용하여 가볍고 손에 쥐기 쉽고 줄기를 마음대로 구부릴 수 있도록 만드는 꽃다발이다.

부케홀더를 사용하여 만든 꽃다발 bouquet holder bouquet	플로랄 폼이 들어 있는 부케홀더를 홀더받침대에 고정시켜 정면의 모양이 원형이나 폭포형 등의 형태가 되도록 꽃다발을 만들어 준다. 꽂힌 꽃이 빠지는 것을 방지하기 위하여 줄기에 생화접착제를 발라 플로랄 폼에 꽂는 방법을 많이 이용하는데 줄기의 절단면에 접착제가 닿지 않도록 한다. 또 플로랄 폼에 꽂힌 줄기에 와이어를 수직으로 꿰뚫어 빠지지 않게 하거나 줄기 위에 미리오글라더스의 줄기와 같이 가늘고 단단한 줄기 조각을 비스듬히 한 번 더 꽂아 주는 방법도 이용된다.
신부부케 bridal bouquet	- 일반적으로 주문되는 신부와 신부들러리가 들 부케의 스타일은 암 부케, 컬러니얼 노즈게이, 캐스케이딩 부케이다. 신부의 취향에 따라 꽃의 종류와 부케의 스타일을 선택하며 드레스의 형태에 따라 적절한 스타일을 결정하게 된다. 긴 옷자락이 달린 고상한 풀 스커트 드레스에는 캐스케이드 부케나 초승달형 부케를 들었을 때 아름다운 조화를 보여 준다. - 신부용 머리, 면사포에 사용되는 꽃장식도 부케와 잘 어울릴 수 있도록 만들어야 하며, 예식이나 피로연 후에 미혼의 여성들에게 던지는 토스부케도 어울리는 색으로 맞추어야 한다.

3 꽃다발 제작(배열방법)

1) 나선형으로 묶기

한 손으로 줄기를 잡고 다른 손으로 꽃과 잎을 나선형이 되도록 구성한 꽃다발로, 적당한 길이에서 줄기를 잘랐을 때 꽃다발은 한 방향이나 360° 모든 방향에서 볼 수 있으며 반듯하게 세울 수 있도록 균형 있게 만들어야 한다.

2) 병렬형으로 묶기

줄기가 수직이 되도록 직선으로 구성하며, 바인딩 포인트가 하나 이상일 수도 있으며 장식적인 경우가 많다.

기출문제

★1. 꽃을 가득 모아 줄기가 모이는 부분을 끈으로 묶어 다발로 묶은 형태를 무엇이라 하는가?

① 꽃다발　　　② 리스
③ 갈란드　　　④ 콜라주

| 해설 |
꽃다발 : 꽃을 모아 줄기가 모이는 부분을 리본이나 끈으로 함께 묶는 기본적인 방법

★2. 신부 부케에 대한 설명으로 가장 거리가 먼 것은?

① 신부의 외적요인과 결혼식의 형식 등 여러 조건에 영향을 받아 디자인한다.
② 신부 부케는 원형, 폭포형, 삼각형, 초생달형, S자형, 링형 등 다양한 형태로 만들 수 있다.
③ 신부 부케의 수명은 하루이므로 꽃의 증산작용이 활발해야 한다.
④ 철사로 만들어지는 신부 부케에는 난류와 다육질의 꽃이 선호된다.

| 해설 |
증산작용이 활발해지면 절화의 수명이 단축된다.

★3. 신부부케에 대한 설명으로 틀린 것은?

① 부케의 손잡이는 몸 선과 나란히 포컬 포인트 focal point를 다소 위로 향하게 하면 아름답다.
② 부케는 양손으로 힘 있게 잡고 꽃의 표정은 아래를 보도록 한다.
③ 자연줄기로 만든 부케나 소품으로 만든 부케는 편안한 모습으로 자연스럽게 드는 것이 매력적이다.
④ 프레젠테이션 presentation 부케는 한 손으로는 꽃을 안은 듯 들고 나머지 손은 꽃다발 줄기를 잡은 듯 가볍게 든다.

| 해설 |
부케는 양손으로 자연스럽게 잡고 꽃의 표정이 위를 보도록 한다.

answer　1. ①　2. ③　3. ②

Chapter 03

꽃바구니 제작

1 꽃바구니

1953년 미국의 스미더스 오아시스사에서 흡수성 플로랄 폼을 상품화하면서 바구니가 생화를 꽂는 화기로 많이 사용되었다. 꽃바구니의 재료는 주로 덩굴성으로 꽃의 색에 따라 흰색 또는 착색한 것에 플로랄 폼을 고정시켜 사용하고 있다.

바구니의 크기, 형태, 색깔 등을 장식 목적에 맞추어 선택하고 계절성 있는 재료를 사용한다. 선물용으로 다른 소품, 과일, 와인, 사탕, 초콜릿 등과 같이 선물을 같이 장식하여 다양한 상품을 만든다.

꽃바구니 종류에는 축하바구니, 영정바구니, 행사용 바구니, 혼합바구니 등이 있다. 바구니의 손잡이는 경우에 따라 있을 수도 있고 없을 수도 있다.

2 꽃바구니 기초작업

1. 바구니 안에 방수지를 깔아 준 뒤, 플로랄 폼이 흔들리지 않도록 고정해 준다.
2. 바구니의 깊이가 깊을 때에는 스티로폼이나 신문지등으로 높이를 조절해 주고, 바구니의 크기가 큰 경우 손잡이를 철사로 다시 고정시켜 준다.

3 꽃바구니 종류와 특성

축하용 꽃바구니	- 약혼식, 결혼식, 출산, 생일, 어린이날, 어버이날, 연주회, 성탄절 등에 선물용이나 공간장식용으로 많이 사용된다. - 빨강, 노랑, 분홍, 흰색 등의 화려한 색의 꽃이 많이 쓰인다.
조문용 꽃바구니	- 일반적으로 원형이거나 타원형, 삼각형, 부채형 등으로 구성하지만 독창적인 디자인이 사용되기도 한다. - 조문형 꽃바구니는 쓰러지는 것을 방지하기 위하여 손잡이 뒤쪽 1/4부분에 꽃소재를 꽂아야 하며, 전체 높이를 손잡이보다 120~150cm 높게 하고, 위쪽에 초점이 되는 화려한 꽃을 꽂아 주로 제단의 양쪽에 장식한다.

Chapter 04
꽃꽂이상품 제작

1 센터피스

센터피스는 장식대의 중앙이나 상황에 따라 적합한 위치에 배치되어 공간을 보다 품격 있게 연출하는 화훼장식물이다. 주로 테이블 위에 놓이며, 식사 테이블, 회의 테이블, 행사 테이블 등 용도에 따라 크기와 형태가 다양하게 제작되고 디자인될 수 있다. 센터피스를 통해 행사의 주제나 공간의 콘셉트를 명확하게 전달할 수 있으며, 동시에 식사나 회의 자리에서 주변을 밝히는 역할을 한다.

1) 형태별 센터피스

낮은 형태의 센터피스	▶ 길고 낮은 수평형 사방화 - 낮고 폭이 좁은 긴 형태의 센터피스 - 주로 양옆으로 긴 직사각형, 타원형 테이블에 적합하다. ▶ 낮은 원형 사방화 - 원형 테이블에 맞춘 다양한 크기와 높이의 원형 디자인이다.
높은 형태의 센터피스	▶ 길고 높은 수직형 사방화 - 타원형, 직사각형 테이블에 수직형으로 배치한다. - 양옆으로 길게 뻗은 형태이다. ▶ 높은 원형 사방화 - 연회장 원형 테이블이나 보조 테이블에 적합 - 높고 풍성하게 제작되어 공간을 돋보이게 하며, 장식 목적이므로 상대방 얼굴을 가려도 무방하다.

2 코사지

여성의 왼쪽 가슴이나 어깨에 주로 장식하는 꽃장식으로 여성의 의상에 악센트를 주고, 그 축제의 주제를 돋보이게 하는 꽃과 잎, 기타 액세서리 등의 묶음을 말한다. 코사지에 사용되는 꽃과 색상은 드레스의 소재와 스타일, 현재 유행하는 패션의 경향, 특별한 경우와 개인적인 취향이나 행사의 격식, 옷 입는 사람의 체격, 옷의 색깔이나 스타일에 따라 달라질 수 있다. 이러한 코사지는 붙이는 위치와 형태, 재질에 따라서 여러 가지 명칭이 있다.

헤어 코사지	- 머리를 장식하는 데 사용하는 코사지이다. - 크라운, 코러니트, 헤어드레스, 콰퓨어, 티아라 등의 형태가 있다.
숄더 코사지	- 어깨에서 등까지 늘어뜨려 장식하는 형태이다. - 앞과 뒤는 흐르는 듯이 만들지만 어깨 중앙에는 볼륨을 줘야 한다.
웨이스트 코사지	- 허리 부분을 장식하는 코사지이다. - 지나치게 무거워 보이는 코사지는 자칫 허리가 두꺼워 보일 수 있기 때문에 꽃으로 중앙에 볼륨을 주고 끝으로 갈수록 가늘게 해야 한다.
바스트 코사지	가슴 부위를 장식하는 용도로 사용된다.
리스틀릿 코사지	팔이나 손등, 손목을 장식하는 팔찌 모양이다.

3 부토니어

- 결혼식이나 졸업 무도회 그리고 경축일과 같은 특별한 때에 남자의 양복 옷깃에 핀으로 고정시키는 꽃장식으로 버튼홀에 꽂는 것이 원칙이므로 줄기는 한 가닥으로 만들어 놓아야 한다.
- 부토니어는 신랑의 가슴에 주로 다는 것으로 남성이 꽃을 바치며 청혼을 하면 청혼을 받아들인다는 의미로 여성이 선물 받은 꽃다발에서 한 두송이를 뽑아 남성에게 되돌려주는 것이 시초였다.
- 일반적으로 잎이 달린 한 송이의 꽃으로 만들지만 때로는 두 개나 세 개 이상의 스테파노티스꽃과 잎 등을 사용해 좀 더 정교하게 만들기도 한다. 가장 인기 있는 꽃으로는 장미와 카네이션 외에 스테파노티스, 국화, 나리, 덴드로비움, 알스트로메리아 등이 있다.

4 리스

- 리스의 기본형태를 이루는 원은 오늘날까지도 영원과 불멸에 대한 희망의 의미를 전한다.
- 리스 형태의 특징은 상징성을 지니는 재료로 만든다. 전형적인 사례로는 상록 침엽, 활엽수가 영원한 삶을 의미하는 것이 있다.
- 위로와 사랑을 상징하기 때문에 장례식, 결혼식 등 매우 다양한 크기와 재료로 제작되어 다양한 용도로 활용되고 있다. 화환이라고도 불리는 리스는 독일어로는 크란츠krantz라고 하며 서양형 화훼장식에서 매우 활용도가 높은 디자인 형태이다.

1) 리스의 비율

- 다양한 색상, 재료, 용도 등으로 제작되는 리스는 무엇보다 황금 비율을 중요시한다.
- 1:1.618의 황금 비율은 인간이 가장 조화롭고 아름답다고 느끼는 비율로 리스에서는 1:1.6:1로 표현된다. 그러나 이는 물리적인 비율이 아닌 시각적인 비율로 색상, 재질 등에 따라 달리 적용되어야 한다.
- 리스에서의 황금 비율은 매우 기본 사항이며 필수 요건으로 되어 있지만 실제적으로 상업 공간에서 활용할 경우 공간의 특성, 초의 사용 유무 등 여러 가지 요인에 따라 비율에 변화를 주어 디자인하기도 한다.

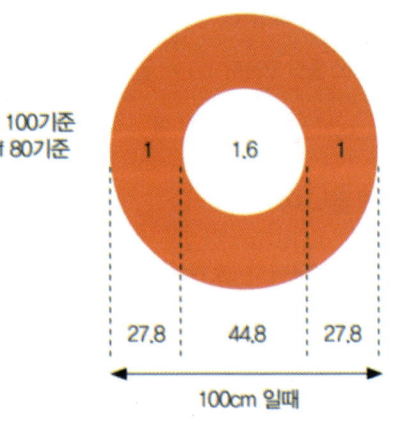

[그림 7-4] 리스의 비율

5 작업공간정리

화훼장식 작업장은 다양한 도구와 재료를 사용하며 물을 자주 사용하는 환경이기 때문에 정리정돈과 안전관리가 매우 중요하다. 다음은 작업장을 보다 효율적이고 안전하게 운영하기 위한 주요 사항들이다.

1) 작업 공간 정리의 중요성

화훼장식 작업장은 바닥에 물이 고이거나 도구가 흩어질 경우 낙상 등의 사고 위험이 높기 때문에, 작업 전후는 물론 작업 중에도 지속적으로 정리해야 한다.

절화 소재는 환경에 민감하므로, 주변의 위생과 정돈 상태가 꽃의 품질 유지에 큰 영향을 미친다.

2) 재료 정리 및 보관 방법

불필요한 재료는 폐기하고, 필요한 재료는 품목별·용도별·사용 빈도별로 구분하여 보관해야 한다.

접착제나 약품류는 유통기한이 지나면 성능이 저하되기 쉬우므로 기한이 임박한 재료부터 우선 사용할 수 있도록 정리해야 한다.

재료별로 부자재 재고 관리대장을 작성하여 종류와 수량을 파악해 두면 필요할 때 쉽게 활용할 수 있다.

3) 재고 관리표 활용

식물 재료 및 부재료에 대한 입고일, 품명, 단위, 색상 등을 기록한 재고 관리표를 통해 입출고 시기와 재고 상태를 파악할 수 있다.

이를 통해 부족한 재료는 신속히 보충하고, 과잉 재고는 조절할 수 있어 예산 낭비를 방지할 수 있다.

재고 관리표를 활용하면 갑작스러운 재료 소진으로 인한 작업 중단을 예방할 수 있고, 작업의 효율성을 높일 수 있다.

4) 작업 도구의 정리 및 보관

작업 도구는 대부분 안전과 직결되기 때문에 항상 일정한 장소에 정리하고 보관해야 한다. 도구 사용 후 즉시 정리하는 습관을 들이면 작업자 스스로를 위험으로부터 보호할 수 있다. 작업 순서나 과정에 맞춰 도구를 배치하면 작업 효율과 안전성이 모두 향상된다.

5) 작업장 안전 체크리스트

작업장의 청결 상태, 작업대와 바닥의 안전, 공구 사용, 작업 동료의 안전 등을 확인할 수 있는 서식을 작업장 안전 체크리스트라고 한다.
작업 종료 시마다 이 체크리스트를 활용해 도구와 작업 공간이 제대로 정리되었는지 점검하면 안전 의식을 유지하는 데 도움이 된다.

6) 화훼장식 작업장 안전수칙

화훼장식 작업 공간은 위험한 도구와 재료가 많기 때문에 다음과 같은 안전수칙을 반드시 숙지하고 지켜야 한다.

1. 화훼장식 작업은 작업 순서에 따라 질서를 지켜 진행해야 한다.
2. 바닥에 물이나 액체가 있을 경우 즉시 제거하여 낙상 등의 위험을 없애야 한다.
3. 위험 요소가 되는 재료는 바닥에서 치워야 한다.
4. 무거운 재료나 공구는 던지지 말고 안전하게 전달해야 한다.
5. 높은 곳에서 작업할 경우, 아래에 사람이 다니지 않도록 해야 한다.
6. 작업 지시서에 따라 지정된 위치에서 작업해야 한다.
7. 기술이 익숙하더라도 방심하지 말고 항상 집중해서 작업해야 한다.
8. 모든 안전수칙과 표지판의 내용을 준수해야 한다.
9. 불필요한 대화나 방해 요소를 없애고 작업에 집중해야 한다.
10. 공동 작업 시에는 서로 소통하고 협조하여 진행해야 한다.
11. 작업 중 위험이 감지되면 즉시 상급자에게 보고하여 조치를 받아야 한다.
12. 교대 시에는 작업 내용을 정확히 인수인계해야 한다.

기출문제

★1. 결혼식용 화훼장식으로 가장 적합하지 않은 것은?

① 부토니어　② 코사지
③ 콜라주　④ 부케

| 해설 |
결혼식용 화훼장식으로는 부토니어, 코사지, 부케가 있다.

★2. 절화를 이용하여 고리모양으로 만들어 낸 장식물로 화관용, 테이블용, 벽걸이용 등으로 이용되는 것은?

① 갈란드　② 리스
③ 콜라주　④ 형상물

| 해설 |
리스 : 리스의 기본 형태를 이루는 원은 오늘날까지도 영원과 불멸에 대한 희망의 의미를 전한다. 리스 형태의 특징은 상징성을 지니는 재료로 만든다. 전형적인 사례로는 상록 침엽, 활엽수가 영원한 삶을 의미하는 것이 있다.

★3. 코사지에 대한 설명으로 틀린 것은?

① 코사지는 신체장식의 하나이다.
② 가슴부위에 다는 것만 코사지라고 한다.
③ 다는 사람의 이미지와 맞는 소재, 크기를 선택한다.
④ 주 소재가 코사지를 달고 있는 사람을 향하도록 한다.

| 해설 |
코사지는 헤어, 숄더, 웨이스트, 바스트 등 붙이는 위치에 따라 여러 가지 명칭을 가진다.

answer　1.③　2.②　3.②

PART 4
화훼장식 절화상품 포장

화훼장식기능사 **필기편**

chapter 01
절화상품 글씨리본 제작

chapter 03
절화상품 포장

chapter 02
절화상품 장식리본 제작

chapter 04
절화상품 마무리

Chapter 01

절화상품 글씨리본 제작

1 문구 선택

절화상품에 사용하는 카드 메시지와 경조사 문구는 단순한 글귀가 아니라 고객의 의도와 상황에 맞는 적절한 표현이어야 한다. 이를 위해서는 T.P.O.(Time · Place · Object), 즉 시간, 장소, 대상이나 목적을 충분히 고려해야 한다.

경조사 문구는 크게 축하 문구와 애도 문구로 나눌 수 있으며, 축하 문구는 다시 개인적 행사와 기업적 행사로 구분된다.

1) 절화상품 축하 경조사 문구

절화상품에 사용되는 경조사 문구는 개인의 라이프 스타일과 행사 성격에 따라 다양하게 달라진다. 일반적으로는 사람(개인이나 단체)의 행사와 관련된 경우가 많으며, 예를 들어 생일이나 부모님의 회갑 · 생신, 연인의 100일 · 200일 · 365일 · 1004일 기념일 등이 있다. 또한 약혼과 결혼, 결혼기념일, 출산, 합격, 입학, 졸업을 비롯하여 병문안, 전람회, 음악회, 수상, 취임, 승진, 당선, 개업, 각종 이벤트 데이와 같은 상황에서도 활용된다. 이와 더불어 기업이나 단체와 관련된 절화상품, 특히 축하 화환은 비중이 크며, 개원 · 개관 축하, 건축 준공, 회사 창립, 출판, 창간 등과 같은 문구가 주로 사용된다.

구 분	상황 / 행사종류	문구예시
개인행사	생일.생신	건강과 행복이 늘 함께하시길 바랍니다.
	연인기념일	우리의 100일을 축하합니다.
	결혼.결혼기념일	두 분의 앞날에 행복이 가득하길 기원합니다.
	출산	새 생명의 탄생을 진심으로 축하드립니다.
	합격.입학.졸업	새로운 출발을 응원합니다.
	병문안	빠른 쾌유를 바랍니다.
기업행사	개업.개원.개관	새로운 시작을 축하드리며 번창을 기원합니다.
	준공.건축	준공을 축하드립니다. 무궁한 발전을 기원합니다.
	창립기념	창립○주년을 축하드리며 더욱 큰 번영을 기원합니다.
	출판.창간	창간을 축하드립니다. 큰 성과를 기대합니다.
	취임.승진.당선	취임을 진심으로 축하드리며 앞날의 건승을 바랍니다.

2) 절화상품 애도 경조사 문구

① 기본 애도 문구 가장 보편적

　*삼가 고인의 명복을 빕니다.

　→ 가장 일반적이며 격식을 갖춘 문구이다. 종교와 상관없이 보편적으로 사용할 수 있다.

　*삼가 故人의 冥福을 빕니다.

　→ 한자어를 혼용한 전통적 문구로, 격식을 중시하는 자리에서 사용된다.

② 추모·애도의 뜻을 담은 문구

　*승천을 애도합니다.

　→ 기독교 장례식에서 자주 쓰이는 표현이다. 승천 = 하늘로 올라감

　*머리 숙여 고인을 추모합니다.

　→ 경건함과 존중을 담은 문구이다.

③ 유가족 위로 문구

*큰 슬픔을 위로하며 삼가 고인의 명복을 빕니다.

→ 고인의 추모와 함께 유가족에 대한 위로를 담는다.

*유가족께 깊은 위로의 말씀을 드립니다.

→ 직접적으로 유족에게 위로의 뜻을 전하는 경우 사용한다.

④ 종교적 색채가 있는 문구

*불교식: 왕생극락을 기원합니다.

*기독교식: 하나님의 위로가 함께하시길 기원합니다.

*천주교식: 영원한 안식을 기원합니다.

3) 절화상품 문구 작성 시 유의사항

- 간결하고 정중한 표현을 사용해야 한다.
- 개인적인 감정보다는 공식적이고 일반적인 문구가 적합하다.
- 종교적 문구는 상대방 종교에 맞게 사용해야 하며, 종교를 모를 경우는 중립적인 문구

  예: "삼가 고인의 명복을 빕니다"가 가장 안전하다.
- 문구는 보통 리본흑색, 흰색, 은색에 새겨져 부착한다.

2 글씨리본 선택

리본은 직물이나 종이 등을 활용하여 만든 길고 끈 모양의 소재를 말한다. 색상과 질감, 무늬가 다양하고 트렌드에 민감하게 반응하기 때문에 상품의 특성과 어울리는 글씨리본을 적절히 선택하는 것이 중요하다.

1) 리본의 역할

리본은 단순히 상품을 묶고 장식하는 기능에 그치지 않고, 메시지를 전달하며 상품의 부가가치를 높여주는 역할을 한다.

2) 글씨리본의 종류

– 리본에는 여러 종류가 있으나 글씨를 새길 수 있는 리본은 주로 공단리본이다. 공단리본은 매끄러운 질감과 은은한 광택을 지니며, 무늬가 없는 단색이 일반적이지만 꽃무늬가 프린트된 제품도 있다. 너비는 보통 30mm에서 100mm까지 다양하다.

글씨리본은 크게 컴퓨터 전용 리본과 겸용 리본붓글씨 및 컴퓨터용으로 구분된다.
– 컴퓨터 전용 리본: 일자 공단리본, 꽃무늬 공단리본, 금박리본, 공단 스팽글, 사틴satin 엠보 등이 있다.
– 겸용 리본: 대표적으로 반사공단이 사용된다.

기출문제

★1. 다음 중 절화상품 축하 문구에 해당하는 것은?

① 삼가 고인의 명복을 빕니다
② 왕생극락을 기원합니다
③ 생일을 진심으로 축하드립니다
④ 유가족께 깊은 위로의 말씀을 드립니다

★2. 절화상품 경조사 문구를 작성할 때 가장 중요하게 고려해야 할 T.P.O 요소로 올바른 것은?

① Time, People, Object
② Time, Place, Occasion
③ Time, Place, Object
④ Target, Position, Occasion

★3. 글씨리본의 주요 역할로 옳은 것은?

① 가격을 표시하는 역할
② 메시지 전달 및 부가가치 향상
③ 상품 무게를 조절하는 역할
④ 재활용 포장지 대체 역할

answer 1.③ 2.② 3.②

Chapter 02
절화상품 장식리본 제작

1 리본(ribbon)의 개요

리본의 어원은 중세 네덜란드어 ringband에서 비롯되었는데, 이는 고리ring와 매듭band이 결합된 말로 '목걸이'를 뜻한다. 리본은 여러 기능을 지닌 소재로, 다양한 형태와 용도로 활용되어 왔다. 최초로 리본 직조가 이루어진 곳은 이탈리아 볼로냐로 기록되어 있으며, 이후 리본 문화를 활발히 발전시킨 국가는 일본이다.

리본은 과거부터 머리 장식, 모자 장식, 선물 포장 등에 사용되었으며, 오늘날에는 절화상품 제작 시에도 중요한 장식 요소로 활용된다. 상품에 맞는 너비, 크기, 색상을 적절히 선택하여 포인트나 강조색으로 사용하면 전체 이미지를 더욱 돋보이게 할 수 있다. 그러나 부적절하게 사용할 경우 오히려 상품의 조화를 해칠 수 있으므로, 리본 사용 전 충분한 고려가 필요하다.

2 절화상품에 어울리는 장식리본의 종류

장식리본에는 평직, 무늬직, 공단직, 벨벳 등 여러 종류가 있으며, 직물뿐만 아니라 종이, 천연섬유 등 다양한 재질로 제작된다. 너비 또한 용도에 따라 다양하게 선택할 수 있다. 절화상품에서 사용되는 장식리본이나 글씨가 출력된 리본은 상품의 종류와 목적에 맞춰 선택해야 하며, 특히 구김이 적고 습기에 강하며 볼륨감을 살릴 수 있는 재질이 가장 적합하다.

종류 / 재질	특징
공단직	광택이 있으며 매끄러운 질감
벨벳	부드럽고 촉감이 풍부함
오간디	얇고 가볍고 반투명, 하늘하늘한 질감
샤무드	부드럽고 은은한 광택
리넨	자연스러운 질감, 통기성 좋음
종이	가볍고 다양한 색상 사용가능
PP Polypropylene	강도가 높고 구김이 적음
금속리본	반짝이는 금속 광택, 형태 유지 용이
주자리본	내구성이 강하고 탄력있음
마리본	유연하고 가볍고 촉감이 부드러움
레이스리본	섬세한 패턴, 투명감이 있어 장식성이 높음
라피아	천연식물 섬유, 내추럴한 질감

공단리본   오간디리본   골지리본   레터링리본   인쇄용리본

3 보우(bow)의 개요

보우는 리본을 활용하여 만든 장식물로, 원래는 옷을 여미거나 단추를 대신하는 용도로 사용되었다. 그러나 현대에는 액세서리, 상품 장식, 디자인 포인트 등 다양한 용도로 활용되고 있다.

보우는 디자인에 적용될 경우 시각적인 영향을 크게 미쳐 전체 인상의 분위기와 느낌을 결정하는 중요한 요소로 작용한다. 절화상품 등에서 보우를 사용하면 부피감을 주고, 원가 절감 효과를 얻을 수 있으며, 상품을 더욱 돋보이게 하는 역할을 한다. 다만, 상품을 압도할 정도로 크거나 지나치게 화려한 보우는 피하는 것이 좋다.

보우는 형태와 크기에 따라 화려하거나 작고 우아한 느낌을 줄 수 있으며, 기본적으로 루프 loop, 센터루프 center loop, 스트리머 streamer의 세 가지 요소로 구성된다. 이 구성 요소들의 조합과 사용 방식에 따라 다양한 보우 스타일과 종류가 만들어진다.

보우종류	특징 및 구성	활용예시
싱글보우 Single Bow	루프가 한 겹인 기본형 보우, 단정하고 깔끔한 느낌	소형 꽃다발, 작은 센터피스
더블보우 Double Bow	루프가 두 겹으로 겹쳐진 형태, 볼륨감이 있으며 풍성한 느낌	중형 꽃다발, 화환 장식
트리플보우 Triple Bow	루프가 세 겹으로 구성되어 풍성하고 화려한 느낌	대형꽃다발, 행사용 화환
포루프보우 Four Loop Bow	루프가 네 겹으로 구성, 입체적이며 시각적으로 무게감 있는 느낌	고급 센터피스, 웨딩장식
코사지보우 Corsage Bow	작은 보우로 코사지나 액세서리용, 섬세하고 우아한 느낌	코사지, 소형 장식용
싱글웨이브보우 SingleWave Bow	한 겹의 루프가 물결 모양으로 굴곡, 우아하고 유동적인 느낌	센터피스, 부케포인트
웨이브보우 Wave Bow	여러 겹 루프가 물결 모양, 화려하고 우아한 분위기	중대형 꽃다발, 로맨틱한 장식
엘리건트보우 Elegant Bow	곡선이 우아하게 강조된 보우, 고급스러운 이미지	웨딩부케, 고급 센터피스
폼폰보우 Pompon Bow	루프가 둥글고 풍성하게 퍼진 형태, 귀엽고 화려한 느낌	어린이용 꽃다발, 이벤트상품
스타보우 Star Bow	루프가 별 모양으로 펼쳐진 형태, 시각적 포인트 강조	포인트 장식, 이벤트 데코
부케보우 Bouquet Bow	부케 중심에 장식하는 보우, 볼륨감과 입체감이 특징	웨딩 부케, 기념 꽃다발

*선택 팁

- 작은 절화상품 → 싱글보우, 코사지보우, 싱글웨이브보우
- 중형 상품 → 더블보우, 웨이브보우, 엘리건트보우
- 대형 상품/행사용 → 트리플보우, 포루프보우, 폼폰보우, 스타보우, 부케보우
- 상품 전체 분위기와 색상 조화를 고려하여 루프 수, 꼬리 길이, 볼륨감 선택

기출문제

★1. 리본의 어원과 가장 관련이 깊은 뜻은 무엇인가?

　　① 장식용 천
　　② 고리와 매듭
　　③ 선물 포장
　　④ 직물 장식

★2. 장식리본 사용 시 고려사항으로 가장 적절하지 않은 것은?

　　① 상품의 전체 이미지와 어울리는 색상 선택한다.
　　② 강조색 또는 포인트로 사용한다.
　　③ 최대한 화려한 리본을 사용한다.
　　④ 너비와 크기를 상품에 맞게 선택한다.

★3. 보우의 구성 요소에 해당하지 않는 것은?

　　① 루프 loop
　　② 센터루프 center loop
　　③ 스트리머 streamer
　　④ 후크 hook

answer　1. ②　2. ③　3. ④

Chapter 03

절화상품 포장

1 포장의 개요

포장은 기본적으로 '싸서 보관한다wrapping and putting away'와 '싸서 장식한다wrapping and packing decorating'라는 두 가지 의미를 가진다. 현대 사회는 물질적, 문명적 환경이 발달함에 따라 상품의 물리적 기능만으로는 한계가 존재할 수 있다.

반면, 절화상품과 같은 감성적인 상품에서는 포장이 단순한 보호 기능을 넘어 상품의 가치를 높이고, 감성을 전달하는 디자인 요소로 발전할 수 있는 가능성이 매우 크다. 이에 따라 감성 포장 디자인의 중요성과 활용 가치는 날로 증대되고 있다.

1) 포장 디자인의 중요성

절화상품은 풍부한 미적 가치와 다양한 색채를 지닌 상품으로, 인간의 감성을 만족시키는 특성을 가지고 있다. 사회가 발달하고 경제 수준이 높아질수록 소비자는 감성적인 상품을 선호하게 되며, 절화상품은 기계나 로봇이 제작할 수 없는 수작업 기반 디자인 상품으로 변화하는 소비자의 요구에 빠르게 대응할 수 있다.

디자인적 포장은 상품의 시각적 부가가치를 높여 판매 촉진과 소비자 만족에 기여한다. 따라서 새로운 포장 디자인 개발은 끊임없이 이루어져야 하며, 동시에 환경보호를 고려하여 포장재가 환경오염을 유발하지 않도록 신중히 선택하는 것이 중요하다.

2) 포장의 개념

포장은 물품의 유통 과정에서 상품의 가치와 상태를 보호하기 위해 적합한 재료나 용기를 사용하여 상품을 싸거나 담는 방법 및 상태를 의미한다. 포장은 일반적으로 다음과 같이 구분된다.

*낱포장: 개별 단위로 포장, 예를 들어 꽃다발을 한 송이씩 포장

*속포장: 수분, 빛, 열, 충격 등으로부터 상품을 보호, 꽃다발이나 꽃바구니, 화기를 포장할 때 색화지나 쵸핑 사용

*겉포장: 외부 환경으로부터 보호, 쇼핑백이나 꽃박스에 넣는 형태

절화상품에서는 위의 세 가지 포장 방식을 단독으로 사용하거나 복합적으로 사용하기도 한다.

3) 포장이 수행하는 역할

절화상품의 포장은 단순히 상품을 감싸는 것 이상의 기능을 수행한다. 먼저 물리적 기능으로서 상품을 보호하고, 안전하게 보관하며 운반하는 역할을 한다. 또한 포장은 상품의 생산, 적재, 운송, 가격 결정 등 기본적인 기능에도 영향을 미친다. 이와 더불어 포장은 상품에 독자성을 부여하고, 판매 촉진을 돕는 감성적 기능을 갖는다. 즉, 시각적인 아름다움을 제공하고, 소비자의 감성을 자극하여 상품의 가치를 높이는 중요한 역할을 수행한다.

4) 포장의 목적과 기대 효과

절화상품의 포장은 여러 목적과 효과를 가진다. 첫째, 배송 중에 발생할 수 있는 파손을 방지하고, 운반을 보다 용이하게 한다. 둘째, 고객이 상품을 휴대할 때 편리함을 제공하며, 포장이 잘 되어 있는 상품은 별도의 광고 없이도 자체적으로 판매력을 갖추게 된다. 셋째, 포장은 매장 내에서 판매되는 상품을 구별하는 표시 역할을 하여 판매 활동을 돕는다.

또한, 포장은 외부 환경, 예를 들어 햇빛, 바람, 체온 등으로부터 꽃을 보호하며, 꽃 자체가 가지지 못한 색상이나 질감 등을 포장재로 보완하여 미적 효과를 높이는 기능도 한다. 이처럼 포장은 상품의 안전을 지키는 역할뿐만 아니라, 시각적 가치를 더하고, 소비자의 만족도를 높이는 중요한 기능을 수행한다.

5) 포장 전략 및 방법

절화상품을 포장할 때는 선물의 목적과 내용물, 받는 사람 등을 고려해야 한다. 5W1H Who, Why, What, Where, When, How를 기반으로 포장 방법을 계획하면, 같은 내용물이라도 포장 방식에 따라 선물 가치와 효과가 달라진다.

2 포장지 개요

포장지는 절화상품에서 상품 보호와 장식의 기능을 동시에 수행하며, 브랜드 고유의 디자인

을 반영할 수도 있다. 포장지는 평면 상태에서 입체적인 형태로 변환하기 적합하며, 가볍고 견고하고 가공이 쉬우며 인쇄성이 뛰어난 재료이다. 또한 다양한 형태를 만들어내는 조형 능력을 살리는 데도 적합하다.

포장지의 종류에는 종이, 셀로판지, 마, 망사 등이 있으며, 각각의 특징과 용도에 따라 사용된다. 예를 들어, 꽃바구니 포장에는 셀로판지OPP, PP 종류가 효과적이며, 꽃다발 포장은 포장 디자인과 상품의 성격에 맞추어 다양한 포장지를 선택하여 활용할 수 있다.

포장지 종류	특징
크라프트지	내구성이 좋고 자연스러운 질감, 친환경적
습자지	습기에 강하고 부드러운 질감
색화지	다양한 색상, 시각적 강조 가능
백상지	매끄럽고 깨끗한 표면, 인쇄가능
왁스지	방수 및 광택 효과, 내습성
유산지	반투명, 부드러운 질감
한지	전통적 질감, 고급스러운 느낌
부직포	통기성 좋고 부드럽지만 내구성 있음
opp	투명, 반투명, 시각적 보호 효과
플로드지	유연하고 인쇄가능, 다양한 색상
마Muslin/린넨	자연스러운 질감, 고급스러운 느낌
망사Mesh	가볍고 통기성 좋음, 장식 효과 우수

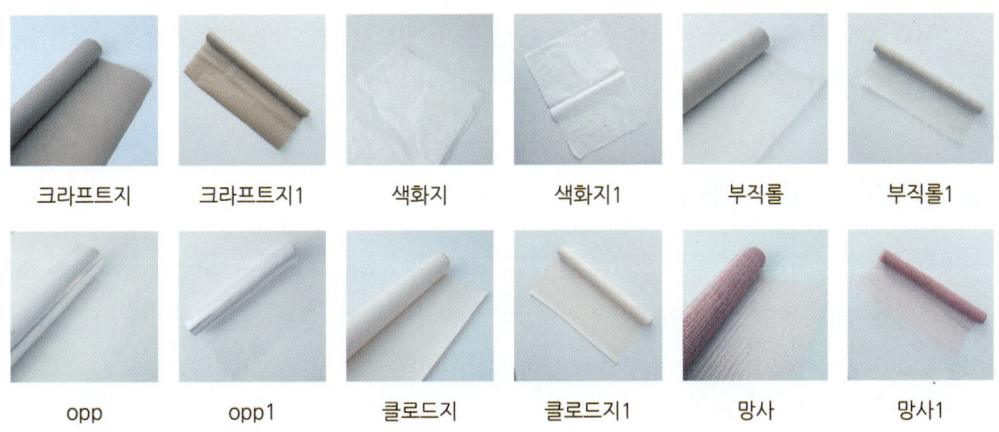

크라프트지 　 크라프트지1 　 색화지 　 색화지1 　 부직롤 　 부직롤1

opp 　 opp1 　 클로드지 　 클로드지1 　 망사 　 망사1

3 절화상품 제작용 도구 및 부자재

1) 도구와 부자재의 구분
절화상품 제작에 사용되는 재료는 크게 기능적 도구와 장식 · 보조 부자재로 나눌 수 있다.
*기능적 도구: 포장지 재단, 절화 가공, 조립 등 제작 과정에서 필수적인 역할 수행
*장식 · 보조 부자재: 상품의 완성도를 높이고, 정보 제공 및 마케팅 목적을 위해 사용

2) 도구와 부자재 종류 및 기능

구 분	종류	기능
도구	칼, 가위	포장지 및 재료 재단
	테이프 양면, 종이, 장식용 등	접착
	철사 wire	꽃과 장식물 고정, 구조물 제작
	스테이플러	종이, 포장지 고정
	글루건 Hot Gluegun	접착 및 장식물 부착
	워터튜브 Water Tube	절화 보관, 수분 공급
부자재	라벨, 스티커, 태그 tag	상품 정보 제공, 장식, 마케팅
	절화 수명 유지 제품	꽃 영양 공급, 수화 촉진

3) 활용 포인트
*도구는 정확한 재단과 접착을 위해 반드시 필요하며, 안전하게 사용해야 한다.
*부자재는 상품의 정보 전달과 장식 효과를 동시에 만족시키는 것이 중요하다.
*절화 수명 유지 제품과 피니시 터치는 완성 후 마지막 단계에 사용하여 꽃의 신선도를 최대한 유지한다.

4 절화상품 포장과 색채배색

우리나라 플라워숍 매출에서 큰 비중을 차지하는 절화상품은 꽃다발과 꽃바구니이다. 각 상품의 특성에 맞는 적절한 포장이 필수적이며, 이에 따라 꽃다발, 꽃바구니 디자인에 따른 포장법과 꽃박스에 적합한 포장법을 숙달하는 것이 중요하다.

꽃다발과 꽃바구니는 국내 플라워숍 매출에서 중요한 비중을 차지하는 핵심 상품으로, 단순히 꽃을 담는 것을 넘어 상품의 개성과 가치를 살릴 수 있는 포장이 필수적이다. 포장은 받는 사람이 보내는 사람의 마음과 정성을 느낄 수 있도록 계획되어야 하며, 고객의 연령, 취향, 성별과 상품의 특성, 분위기, 목적, 장소, 시간 등을 충분히 반영해야 한다.

포장 과정에서는 운반에도 견딜 수 있도록 견고함을 유지하고, 꽃의 신선도가 오래 유지되도록 신경 써야 한다. 또한 포장지와 부자재의 사용량을 적절히 조절해 원가 관리를 하고, 카드, 태그, 스티커 등 악센트 소품을 활용하면 디자인의 완성도를 높일 수 있다. 과도한 포장은 상품 이미지를 훼손하고 환경에 부담을 줄 수 있으므로 주의해야 한다. 최종적으로는 균형과 안정감이 잘 맞는 포장이 되도록 한다.

포장 디자인에서 색채 배색 역시 중요한 요소이다. 절화상품은 꽃, 식물, 용기 등에서 다양한 색상이 활용되므로, 주조색, 보조색, 강조색의 비율을 고려해 조화로운 배색을 구현해야 한다. 주조색은 전체 이미지의 통일감과 안정감을 담당하며, 보조색은 주조색을 보완하고 배색의 균형을 맞춘다. 강조색은 시선을 끌고 포인트를 주는 역할을 하며, 가장 적은 양으로 사용한다. 상품의 주조색에 맞는 포장지와, 강조색으로 활용되는 리본이나 소품을 적절히 선택하면 시각적 포인트와 조화를 동시에 살릴 수 있다.

또한 배색 시에는 과도한 색 사용을 피하고, 색의 심리적 효과 중량감, 온도감, 공간감 와 대비, 색상별 이미지를 고려하면 조화롭고 감각적인 포장을 완성할 수 있다. 이러한 포장 디자인과 색채 배색의 통합적 고려는 절화상품의 미적 가치와 상품성을 높이는 핵심 요소가 된다.

기출문제

★1. 절화상품 포장 시 5W1H 원칙에 포함되지 않는 항목은?

① Who 누가
② When 언제
③ Why 왜
④ Which 어느 것

★2. 절화상품 포장 디자인에서 강조색의 역할은?

① 전체 이미지의 통일감과 안정감을 제공한다
② 주조색을 보완하여 색상 조화를 이끈다
③ 시선을 끌고 포인트를 준다
④ 전체 포장 면적의 대부분을 차지한다.

★3. 절화상품 포장 시 포장의 '감성적 기능'에 해당하지 않는 것은?

① 상품을 보호한다
② 시각적인 아름다움을 제공한다
③ 소비자의 감성을 자극한다
④ 상품의 가치를 높인다

answer 1.④ 2.③ 3.①

Chapter 04

절화상품 마무리

1 절화상품 수명 연장을 위한 관리

절화상품은 주로 실내나 생활 공간에 배치되므로, 꽃이 오래 유지될 수 있도록 적절한 주변 환경을 만들어 주는 것이 중요하다. 특히 하나의 용기에 여러 종류의 꽃을 함께 사용하는 경우, 서로 분비하는 물질이 꽃의 수명에 영향을 줄 수 있으므로 절화별 특성에 맞는 관리법을 아는 것이 좋다. 여기서 절화의 수명이란, 물을 공급받는 상태에서 꽃이 신선하게 유지되는 기간을 의미한다. 수명은 품종과 종에 따라 다르며, 광, 온도, 세균, 수분, 에틸렌, 습도, 바람 등 주변 환경에 따라 크게 달라진다. 따라서 장시간 보관을 위해서는 수명을 단축시키는 요인을 파악하고 지속적으로 관리하는 것이 필요하다. 또한 절화 보존제와 같은 약품을 활용하면 품질 유지와 수명 연장에 효과적이다.

1) 광선 관리

꽃은 잎이 남아 있을 경우 광합성을 통해 에너지를 얻을 수 있으므로, 적절한 광도를 유지해 주는 것이 좋다.
그러나 직사광선이 비치는 장소는 주변 온도를 높여 꽃이 빨리 시들게 할 수 있으므로 주의해야 한다.

2) 온도 관리

온도는 절화 품질에 가장 큰 영향을 준다. 고온 환경에서는 꽃의 호흡과 증산 작용이 활발해져 수명이 짧아지고, 급격한 온도 변화도 시듦을 촉진한다. 따라서 꽃을 저온에서 보관하여 호흡과 증산을 억제하는 것이 좋다. 다만 지나치게 낮은 온도는 냉해를 유발할 수 있으므로 적정 온도를 유지해야 한다.

3) 세균 관리

꽃은 물에 잠기거나 플로랄폼에 꽂혀 있는 경우가 많다. 줄기 절단면이나 손상된 표피에서 세균이 번식하면 수명이 단축된다. 세균은 에틸렌과 독소를 생성하여 꽃의 노화를 촉진하며, 도관을 막아 수분 흡수를 방해한다. 따라서 용기를 항상 청결하게 유지하고, 줄기와 접촉하는 부분을 깨끗하게 관리해야 한다.

4) 수분 관리

꽃은 증산량이 흡수량보다 많아 탈수 현상이 생기기 쉽다. 플로랄폼 사용 시에는 지속적인 물 공급, 유리 용기 사용 시에는 자주 물을 교환하여 수분을 충분히 유지해야 한다. 줄기를 재절단하면 도관이 막히지 않아 흡수력이 높아진다.

5) 에틸렌 관리

에틸렌은 꽃의 성숙과 노화를 촉진하는 식물 호르몬으로, 장기간 노출되면 색 변화, 시듦, 낙화 등이 발생한다. 이를 방지하려면 환기를 자주 시키고, 저온 보관하며, 시든 꽃과 잎을 제거하고 채소나 성숙한 과일과 함께 두지 않는 것이 좋다.

6) 습도 관리

저습 환경에서는 끝마름 현상이나 탈수가 나타나고, 고습 환경에서는 곰팡이 및 부패가 촉진된다. 따라서 절화상품 주변의 습도를 적절히 유지하고, 필요 시 분무하거나 통풍을 자주 시켜 균형을 맞춘다.

7) 절화 보존제 활용

절화 보존제는 꽃의 품질과 수명을 연장하기 위해 개발되었으며, 당분, 살균제, 산도 조절제, 에틸렌 억제제, 습윤제 등의 성분을 포함한다. 종과 품종에 따라 효과가 달라지므로 적절한 용액을 선택해야 한다. 보존제를 사용하면 물을 매일 교환하지 않아도 되며, 용액이 혼탁해지면 교체해준다. 보존제가 없을 경우 구연산, 레몬즙, 소다 음료, 극소량 표백제 등을 활용할 수 있다.

또한 상품 완성 후 피니싱 제품을 사용하면 증산을 억제하여 품질 유지에 도움을 줄 수 있다.

2 절화상품 품질 유지와 수명 연장을 위한 관리 사항

절화상품의 수명을 연장하고 품질 가치를 유지하기 위해서는 포장 전, 포장 후, 배송 과정에서 필요한 사항을 숙지하고 실행하는 것이 중요하다.

1) 포장 전 관리

포장 전에 가장 중요한 것은 건강한 꽃을 선택하는 것이다. 유통업체로부터 입고된 꽃과 잎, 줄기의 상태, 신선도 등을 꼼꼼히 확인하고, 시들거나 누렇게 변한 잎과 꽃은 제거한다. 또한 지저분한 잎은 깨끗이 닦아주고, 포장 시에는 통풍이 원활하도록 포장 방법을 선택하는 것이 좋다. 이 과정에서 적절한 준비와 손질은 포장 후 절화상품의 품질을 높이는 기본 조건이 된다.

2) 포장 후 관리

포장된 절화상품은 포장지 때문에 통기성이 떨어지고, 밀폐 상태에서는 고온 현상이 발생할 수 있다. 또한 바인딩 포인트나 묶음 과정에서 줄기가 손상되거나 꽃과 잎이 배송 중 눌려 손상될 수 있다. 따라서 상품을 받으면 즉시 포장을 풀고, 손상된 부분을 제거한 뒤 수분을 재보충해 주는 것이 필요하다.

3) 배송 시 관리

배송 중에는 짧은 시간이라도 온도와 광선 조절이 어려운 경우가 많아 냉·난방기 사용으로 인한 손상에 주의해야 한다. 또한 운송 중에는 물을 공급할 수 없으므로, 배송 전에 충분한 관수와 분무를 통해 꽃의 수분 상태를 유지하는 것이 좋다. 이를 통해 배송 과정에서 발생할 수 있는 품질 저하를 최소화할 수 있다.

기 출 문 제

★1. 절화 보존제의 주된 성분이 아닌 것은?

① 당분
② 살균제
③ 에틸렌 발생제
④ 산도 조절제

★2. 절화상품의 수명 단축을 유발하는 환경요인 중 '에틸렌'에 대한 설명으로 가장 부적절한 것은?

① 에틸렌은 식물 호르몬으로 꽃의 노화와 낙화를 촉진한다.
② 시든 꽃과 잎이 많을수록 에틸렌 농도가 증가할 수 있다.
③ 에틸렌 노출을 줄이기 위해서는 성숙한 과일과 함께 보관하는 것이 바람직하다.
④ 환기를 자주 시켜 에틸렌 농도를 낮추는 것이 중요하다.

★3. 절화 수명 단축의 주된 세균 피해는 어떤 결과를 초래하는가?

① 꽃잎이 더 크고 선명해진다.
② 광합성 능력이 향상된다.
③ 줄기 도관이 막혀 수분 흡수가 방해된다.
④ 줄기가 굳어져 보관이 용이해진다.

answer 1.③ 2.③ 3.③

PART 5
화훼장식 분화 상품 제작

화훼장식기능사 필기편

chapter 01
화훼장식 분화 상품 제작

1. 분화상품재료 분류하기
2. 분화의 분류
3. 분화상품 작업 준비하기
4. 뿌리와 토양
5. 분화상품 제작하기
6. 화훼식물의 생활환
7. 식물의 휴면

Chapter 01

화훼장식 분화 상품 제작

1 분화상품재료 분류하기

1) 분화의 정의 및 특성

① 정의

식물이 뿌리, 줄기, 꽃, 잎 등 온전한 상태로 화분과 같은 화기나 땅에 직접 심어 장식 효과를 나타내는 것을 분화라 한다.

② 특성

분화는 식물이 생장하고 생활환경을 이어가기 때문에 그에 따른 적당한 환경조성과 관리가 지속적으로 필요하며 연출 또는 장식을 하기 위해서는 식물에 대한 정확한 이해와 지식을 가지고 있어야 한다.

③ 분화의 분류

㉠ 관화식물 : 꽃을 감상하는 식물이다.
㉡ 관엽식물 : 잎을 감상하는 식물로 원산지는 열대나 아열대가 많다.
㉢ 관실식물 : 열매를 감상하는 식물이다.
㉣ 허브류 : 독특한 향이 나는 식물이다.
㉤ 식충식물 : 벌레잡이 식물이다.
㉥ 선인장 및 다육식물 : 저수조직이 발달한 식물로 많은 물을 필요로 하지 않는다.

2 분화의 분류

1) 화훼식물의 식물학적 분류

식물의 분류는 식물의 특성을 구별하여 이름을 부여하고, 유연관계를 따져 분류 체계를 만드는 것이다. 특히, 식물학적인 분류는 학술적인 분류로써 식물 간의 유사성을 가리는 자연분류를 근간으로 하고 있다.

모든 식물은 이명법二名法에 따라 표기하도록 국제적으로 통일하여 정하였는데, 이명법은 스웨덴의 식물 분류학자인 린네Carl Linneus, 1707~1778가 꽃의 형태를 기준으로 식물을 분류하여 제정한 것으로 속명屬名과 종명種名을 병기함으로 붙여진 이름이다.

① 식물의 분류 체계

닮은 식물들끼리 모둠을 만들어 더 큰 모둠에 배치하는 형태로 계급을 나누는데, 하나로 묶이는 것을 분류군이라 한다. 가장 최상위에 있는 계부터 시작하여 문〉강〉목〉과〉속〉종으로 분류하고 이중에 과, 속, 종이 가장 중요히 사용되게 된다.

분 류	내 용
계	식물계, 동물계로 분류
문	꽃이 피는 식물현화식물, 꽃이 피지 않는 민꽃식물은화식물이 있고 꽃이 피는 식물 중 겉씨식물나자식물문과 속씨식물피자식물문로 구분
강	외떡잎식물강, 쌍떡잎식물강
목	식물의 번식 방법, 생김새 등 비슷한 특징에 따라 분류
과	형태와 생태학적, 유전적으로 분류
속	유사성을 가지는 종의 모임
종	분류학상 최소 기본단위로 상호 생식이 가능한 집단

② 학명

학명scientific name은 국제식물명명규약ICBN : international code of botanical nomen-clature에 따라 세계적으로 공통되게 명명한다.

학명은 린네의 이명법에 따라 속명과 종명으로 구성하며, 라틴어 사용을 기본으로 하여 이탤릭체로 쓴다. 속명은 대문자로 시작하고 종명은 소문자로 시작한다. 끝에는 명명자를 첫 자로, 대문자, 일반체로 적는다. 명명자가 두 사람일 경우에는 'et'나 '&'를 사용하여 A et B와 같이 표기하는 등의 중요한 명명 규정을 갖는다.

학명 = 속명 + 종명 + 명명자 var. cv. formal. cl

장미	*Rosa hybrida*	Hortorum
	이탤릭체	인쇄체

3 분화상품 작업 준비하기

1) 장비 및 도구

① 기본 제작 도구

분화상품 제작을 위해 필요한 도구와 재료는 다음과 같다.

도구	꽃가위, 전정가위, 꽃삽, 분무기, 물통, 장갑 등
재료	식물 재료, 기반재, 화기, 포장지, 리본, 첨경물 등

2) 장비 비품 배치

① 소비자가 원하는 분화상품을 신속하게 제작하기 위하여 분화상품 제작에 필요한 장비와 비품, 도구들은 분화 상품 제작 장소에 근접 비치되어 있어야 한다.

② 비품 및 도구들이 종류별로 구분되어 있어야 하며 사용한 도구들은 깨끗하게 손질하여 동일한 장소에 계속 비치해 두어야 나중에 이용하기 편하다.

③ 도구 보관함을 만들어 보관할 경우 수명이 길어지고 찾기도 쉬우므로 캐비닛, 책장 등을 활용하면 좋다.

기출문제

★1. 분류의 가장 하위 단위는?

① 종   ② 속
③ 과   ④ 목

| 해설 |
식물의 분류 - 계>문>강>목>과>속>종

★2. 구근아이리스의 학명은 Iris × hollandica 이다. 가운데 × 표시는 무엇을 뜻하는가?

① 종간교배종이라는 뜻이다.
② Iris와 hollandica와의 교배하였다는 것을 표시한 것이다.
③ 속 간 교배에 의하여 생긴 종이란 뜻이다.
④ holland종과 indica종과의 교배종임을 뜻한다.

answer 1.① 2.①

4 뿌리와 토양

1) 뿌리

	뿌리 상태
잔뿌리	수분 흡수 및 양분 흡입이 양호하다.
곧은 뿌리	식물을 지탱하는 역할을 한다.

2) 토양

① 토양 3요소

고상	고체부분의 토양 입자 무기성분 45%, 유기성분 5%
액상	토양 입자 사이의 공극을 채우고 있는 물 25%
기상	토양 입자 사이의 공극을 채우고 있는 공간 25%

② 토양 단면

토양을 지표면에서부터 땅속으로 수직으로 잘랐을 때 나타나는 면을 토양 단면이라고 한다.

O층	낙엽층 유기물층이며 낙엽과 동식물 사체, 분해된 유기물 등으로 구성된다.
A층	- 표층 분해층, 용탈층, 부식질이며 부식질이 풍부하게 함유된 광물질의 맨 윗부분으로서 유기물층인 O층과 함께 표토로 분류한다. - 부식질은 물과 양분 흡수 보유 능력이 많아 식물 생육에 유익하다.
B층	- 집적층이며 부식의 양이 용탈층 A보다 적다. 공극이 적고 토양 입자가 단단하며 갈색 또는 황갈색을 띠고 있다. - 용탈층 A에서 형성된 물질이 용탈되어 집적된다.
C층	- 모재, 기층이며 토양의 발달은 식생의 종류, 모암의 종류 등에 따라 다르다. - 변화를 받지 않은 원래의 모암이 그 자리에서 붕괴되거나 중력, 물, 빙하, 바람에 의해 다른 곳에서 운반된다.

3) 토성

① **사토** : 점토 함량 12.5% 이하인 토양이다. 보수성이 낮고 양분 흡착능이 약하므로 점토나 퇴비를 혼합하여 보수력, 보비력을 높이거나 스프링클러로 관수한다.

② **사양토** : 점토 함량 12.5~25.0%인 사질양토이다. 일반적으로 우리나라의 토양은 주로 사양토에 속하며, 식물 생육에 무난한 토양이다.

③ **양토** : 점토 함량 25~37.5%인 토양이다. 식물 생장에 좋은 토양이며 여러 크기의 입자를 고루 포함하고 있다. 보수능, 배수능, 통기성, 뿌리 생장용이, 잠재 비옥도 등이 양호하다.

④ **식양토** : 점토 함량 37.5~50%인 토양이다. 점토분이 많은 식토와 점토분이 비교적 적은 양토의 중간 성질을 가지는데 양토보다는 식물 생육이 곤란하지만 점착력과 보수력이 크다.

⑤ **식토** : 점토 함량 50% 이상인 토양이다. 점토 함량 많아 토양 입자의 응집력이 크며 접성과 가연성이 크고 마를 때는 굳어져 갈아엎기가 곤란하다. 또한 통기성이 나쁘고 배수가 잘 안 된다. 깊이 갈아엎어 풍화시키고 모래, 퇴비, 석회 등 혼합하여 입단화시키는 것이 필요하다.

4) 토양 재료 종류
① **일반 흙**

밭 흙은 산이나 밭에서 나오는 흙	병충해 피해가 일어나기도 하며 토양 소독 후 물 빠짐을 좋게 하기 위해 적당한 비율로 잘 섞은 퇴비 또는 모래를 혼합한다.
사질토	점토 함유량이 25% 이하인 토양으로 삽목 용토로써 용이하며 건조하기 쉽고 보수력 및 보비력이 떨어지므로 시비와 수분의 공급에 유의해야 한다.
점질토	50% 이상의 점토를 함유한 토양으로 보수력 및 보비력이 좋다. 그러나 배수가 나쁘므로 배수를 잘해 주어야 한다.
양토	점토가 75% 정도의 비율로 구성된 토양으로 보수력, 통기성 및 보비력이 좋다.

마사토	모래질 토양으로 배수가 잘되고 통기성이 좋다. 삽목하거나 혼합토를 만드는 데 이용되고 실내 화분의 용토를 덮는 데 사용되기도 한다.

② 배양토

- 조합토로 여러 가지 재료를 배합하여 서로 다른 성질이 재배하고자 하는 식물에 맞도록 특별히 조제하는 흙을 말한다. 자연적으로 생성된 토양이 아니라 펄라이트, 부엽, 피트모스, 왕겨 등을 적당량 배합하여 만든다.
- 비료분이 풍부하고 다공석이며 보수력이 있다. 또한 병해충이 없고 약간의 양분을 적당히 함유한 혼합 토양이다. 밭 흙 50%, 퇴비 40%, 모래 10%에 콩깻묵, 깻묵, 쌀겨, 뼛가루, 과인산석회 등을 섞어서 쌓아 두고 도중에 2~3회 뒤집어 섞은 후 수개월에 걸쳐 만든 토양이다.

③ 경량 토양

- ㉠ **경석** : 통기성과 보수력이 좋으므로 선인장이나 난류의 재배에 적합하다.
- ㉡ **버미큘라이트** : 화강암 속의 흑운모를 1100℃ 정도의 고온에서 수증기를 가하여 팽창시킨 것이다. 버미큘라이트는 고열로 처리되었기 때문에 무균상태이므로 꺾꽂이 용토로 많이 사용되고 있다. 보수력과 보비력이 강하고 배수성과 통기성이 좋다.

[그림 7-5] 버미큘라이트

- ㉢ **펄라이트** : 진주암을 870℃ 정도의 고온으로 가열하여 팽창시켜 백색의 가벼운 입자로 만든 것으로 무균상태이다. 보비력, 보수력이 강하고 배수성이 우수하다. 꺾꽂이 용토, 화분 용토로 사용된다. 또한 무게가 가벼워 옥상정원, 베란다 정원에 이용된다.

[그림 7-6] 펄라이트

② **암면** : 현무암이나 안산암 같은 화성암을 1600℃에서 용해시킨 다음 공기 또는 공기와 수증기로 불어서 섬유상으로 한 후 압축 열처리하여 가볍다. 통기성, 보비력 및 보수력은 좋으나 완충능과 양분이 없다.

⑤ **하이드로볼** : 황토와 톱밥을 섞어서 둥글게 뭉쳐 고온 처리한 것이다. 다공질로 통기성, 흡수성, 보수성이 좋으며, 난류의 식재 재료로 사용한다.

[그림 7-7] 하이드로볼

④ 유기질 비료

㉠ **부엽토** : 낙엽이 분해된 것으로 흙을 넣어서 같이 부식시킨 것을 부엽토라고 한다. 부엽은 참나무, 떡갈나무 등의 활엽수로 만들어야 한다. 부엽토는 통기성이 좋으며, 토양을 떼알구조로 만들어 주어 작물의 뿌리가 잘 활동하도록 도와준다.

㉡ **바크** : 전나무 등의 나무 껍질을 굵게 분쇄하여 만든 것이다. 서양란의 식재 재료로 사용한다. 또한 나무의 밑에 깔아 잡초 발생을 억제하거나 미관 재료로 사용할 수 있다.

㉢ **수태**이끼 : 순수한 이끼를 건조시킨 것이다. 수분을 충분히 흡수시킨 다음에 수태를 사용한다.

[그림 7-8] 바크

또한 사용 중인 수태가 마르면 다시 흡수시키기 어려우므로 마르지 않도록 조심해야 한다. 대부분의 난류, 착생식물을 재배할 때 사용하며, 꺾꽂이, 파종 등에도 이용한다.

㉣ **피트모스** : 습지의 수태가 퇴적하여 만들어진 것으로 천연 유기질 용토이다. 상품화된 피트모스는 고압증기 소독으로 완전 살균, 살충처리가 되어 있어 잡초 발생이 적다. pH가 5.0 이하이므로 사용하기 전에 중화시킨 다음 사용해야 한다. 보습력이 뛰어나다.

[그림 7-9] 피트모스

㉥ **왕겨숯** : 벼의 왕겨를 300℃ 전후의 온도에서 연소시켜 만든 훈탄이다. pH 8.0의 강한 알칼리성이므로 화단에서는 씻어서 사용해야 한다. 흙에서도 잘 썩지 않고 통기성과 배수성이 좋아서 선인장과 다육식물, 국화의 배합토에 이용한다.

5 분화상품 제작하기

1) 분화상품 디자인

① **테라리움** : 토양을 의미하는 '테라코타'와 수족관을 의미하는 '아쿠아리움'의 합성어로써 어항과 같은 화기를 이용한 분화상품을 말한다. 유리 등 투명한 그릇 속에 배수층을 만들고 기반재를 채운 후 식물을 심어 작은 정원을 꾸미는 것이다.

밀폐식 테라리움	- 폐쇄된 화기 내의 수분이 밖으로 빠져나가지 못하기 때문에 저온이나 다습에 강하고 음지나 반음지에서 크게 자라지 않거나 성장이 느린 식물이 좋다. - 밀폐식 테라리움 식물로는 양치류의 아스플레니움 Asplenium, 네프롤레피스 Neprolepis, 프테리스 Pteris, 아디안텀 Adiantum, 베고니아 Begonia, 아글라오네마 Aglaonema, 아라우카리아 Araucaria, 칼라데아 Calathea, 테이블야자 Chamaedorea, 피토니아 Fittonia, 페페로미아 Peperomia, 헤데라 Hedera, 호야 Hoya, 스킨답서스 Epipremnum, 삼색바위취 Saxifraga 등 주로 아열대성 식물이 해당된다.
개방식 테라리움	화기 내의 수분이 빠져 나가기 때문에 건조에 강한 식물이 좋으며 식물로는 헤데라 Hedera, 남천 Nandina, 고무나무 Ficus, 청목 Populus 등이 있다.

② **숯부작** : 참숯을 이용해 수반 위에 통으로 된 모양의 숯이나 숯을 부숴 만든 숯 조각을 기반으로 식물을 심어 장식해 놓은 것을 말한다. 숯부작을 만들기 위해서는 참숯, 화기, 식물, 이끼, 글루건, 장식을 위한 크기가 다양한 돌 등이 필요하며 숯부작으로 사용되는 식물로는 동양란인 풍란과 나도 풍란 등이 있다.

③ **분재** : 분재는 생육이 불량한 환경에서 오랫동안 충분히 성장하지 못한 노목의 독특한 형상을 표현하기 위해 줄기, 가지, 잎, 꽃, 열매, 뿌리 등 수형을 철선과 같은 부재료를 이용하여 인위적으로 노목의 형상을 연출하며 화기의 형태와 질감 등과 조화를 이루도록 수형을 잡아 준다.

④ 난 분화

㉠ 동양란 분화

심비디움 속의 동양란	춘란, 한란, 금릉변란 등과 같이 잎의 폭이 좁고 긴 장침형의 세엽란과 혜란, 대명란, 보세란 등과 같이 잎이 넓은 광엽란으로 구분한다. 그 잎의 기부에는 계란 모양의 알뿌리벌브, bulb를 감싸고 있으며 이 벌브에서 굵은 뿌리가 흙의 표면에 넓게 펴져 양분과 물을 섭취하여 생육한다.
석곡이나 풍란	남해안 따뜻한 지역의 해안가 바위나 나무에 착생하여 살아가며 향기 좋은 꽃이 핀다. 풍란은 잎이 두껍고 벌브가 없으며 석곡은 대竹모양 10~30cm 정도의 벌브를 가지고 있다.

㉡ **서양란 분화** : 동양란과 서양란의 구분은 학술적 분류가 아닌 원예적 필요에 따른 구분이다. 서양란 분화는 중남미, 호주, 동남아시아 등 열대, 아열대, 온대 아시아 지역에 자생하는 난으로 주로 꽃이 화려한 난 종류를 이용한 분화를 말한다. 일반적으로 난과 식물들은 습성상 다른 식물보다 변화가 풍부하여 매년 새로운 신품종이 육종, 개발되고 있다. 이 중 꽃이 화려한 재배종의 서양란들은 일반적으로 팔레놉시스Phaelenopsis, 카틀레야Cattleya, 심비디움Cymbidium, 덴드로비움Dendrobium, 반다Vanda 등이 있으며, 생육되는 장소에 따라 착생종과 지생종으로 구별된다.

착생종	보통 화초와 같이 땅에 뿌리를 박는 것이 아니라 수목의 줄기나 나뭇가지 또는 바위에 뿌리를 펼치고 생육한다. 카틀레야, 덴드로뮴, 반다, 팔레놉시스 등이 착생란으로 흙에 심지 않고 재배된다.
지생종	응달진 삼림이나 초원에서 땅에 뿌리를 박고 살며 뿌리가 너무 건조되는 것을 싫어한다. 심비디움, 파피오페딜룸Paphiopedilum 등이 해당된다.

㉢ **디쉬가든** : 배수 구멍이 없는 접시나 쟁반 같은 넓은 접시류, 커피잔, 머그잔 등 각종 생활용기를 이용한 화기에 질석, 버미큘라이트, 펄라이트 등을 혼용하여 기반재에 작은 식물을 정원 꾸미듯 심어 자연 경관을 축소해 놓은 것을 말한다. 이동이 편리하고 화기 선택이 자유로워 다양한 형태로 꾸밀 수 있다.

디쉬가든용 화기는 대개 크지 않고 배수구가 없으므로 성장 속도가 느린 식물로 선택하는 것이 좋다. 재배 환경이 같은 종류끼리 심으면 관리하기 쉬우며 사철나무Euonymus, 싱고니움Syngonium, 헤데라Hedera, 드라세나Dracaena, 피토니아, 호야, 더피, 테이블야자, 안스리움Anthurium, 아스플레니움, 페페로미아, 산세베리아 Sansevieria, 마란타Maranta, 마삭줄Trachelospermum, 제브리나Zebrina 등을 들 수 있다.

ⓔ **토피어리** : 식물을 여러 종류의 동물 모형으로 만들어 인공적으로 다듬거나 잘라 장식한 것을 말한다. 토피어리에 사용되는 식물은 지엽이 치밀하고 전정에 강한 식물이 좋으며 키가 너무 크거나 잎이 넓은 식물은 수분 조절이 어려우므로 피하는 것이 좋다. 주로 상록침엽수, 관엽식물이나 다육식물이 많이 이용되고 있다.

ⓜ **워터가든** : 투명한 화기나 옹기 같은 항아리에 물을 채우고 모양이 좋은 돌과 첨경물, 식물 등 재료를 이용하여 정원처럼 만든 것을 말한다.

적합한 식물로는 물을 좋아하는 습생식물이 바람직하며 아이비, 필레아, 싱고니움, 산호수Viburnum, 스킨답서스, 시페루스, 접란 등이 있으며, 구근식물로는 이국적이고 화려한 느낌을 주는 히아신스Hyacinthus 튤립Tulipa, 수선화Narcissus 등이 있다.

ⓗ **행잉가든** : 아래로 늘어지는 꽃이나 잎 등 덩굴성 식물을 심어 공중에 걸어 관상하는 것으로 좁은 공간의 활용도 가능하고 한쪽 벽면 또는 사방으로 볼 수 있다.

행잉가든에 이용되는 식물은 주로 반음지 또는 음지에서는 스킨답서스, 아이비류의 덩굴성 관엽식물이 적당하다. 관엽식물인 산호수, 헤데라, 싱고니움, 러브체인Ceropegia, 푸밀라 고무나무, 스킨답서스, 트리안Muehlenbeckia 접란이 있고 꽃식물로는 사피니아Surfinia, 페츄니아Petunia, 한련화Tropaeolum 등이 있다.

ⓢ **윈도가든** : 마당이 없는 도심의 주택이나 아파트에서 햇볕이 잘 드는 창가나 베란다에서 꽃과 식물을 즐기거나 채소류 등을 가꿀 수 있도록 만든 정원이다.

윈도가든에 주로 이용되는 식물은 햇빛을 좋아하는 식물인 상추, 토마토, 감자, 바질Ocimum, 페퍼민트Mentha, 장미허브Plectranthus, 라벤더Lavandula, 로즈마리Rosmarinus 등이 있다.

ⓞ **허브가든**

ⓐ 꽃과 종자, 줄기, 잎 뿌리 등을 약, 요리, 향로, 살균, 살충 등 인간에게 유용한 식물을 이용하여 조성된 정원을 말하며 약초, 향초, 향미 채소, 향신료 등이 모두 허브가든용 식물에 속한다. 허브가든용 식물은 관상, 약용, 미용, 요리, 염료 등에 다양하게 활용되고 있다.

ⓑ 기본적으로 생육이 매우 강하여 어느 곳에서나 무리 없이 잘 자라지만 대부분이

양지바른 곳을 좋아하며 통풍과 보온성, 배수성이 양호하고 유기질이 많은 토양에서 잘 자란다.

ⓒ 허브 식물 종류는 타임Thymus, 파슬리, 바질, 파인애플민트, 레몬밤, 아니카, 스파티움, 시계초, 라벤더, 페퍼민트, 로즈마리, 재스민Jasminum, 캐모마일Matricaria, 보리지Borago, 클라리세이지Salvia 등이 있다.

2) 장식 토양

분화상품은 식물 외에 하이드로볼, 콩자갈, 수태 등 장식 토양을 활용하여 장식할 수 있다. 장식토의 역할은 흙을 가려주어 미관상 보기 좋게 하는 것과 물을 줄 때 흙이 튀는 것을 방지하는 역할을 한다. 장식토의 종류에는 맥반석, 자갈, 하이드로볼, 바크나무껍질, 이끼, 숯, 왕겨, 마사토, 계란껍질 등이 있다.

3) 장식물과 첨경물

다양한 구조물이나 형상물을 통해 원래의 구성물을 더욱 아름답게 만들기 위하여 수경 요소, 자연 재료, 가공 재료, 동물 재료, 조각 등을 이용하여 다양한 인공적인 요소와 첨경물을 통해서 전체적인 디자인에 완성도를 높이는 것을 볼 수 있다. 장식물과 첨경물을 이용하는 사례는 다음과 같다.

① 식물 줄기를 이용하여 장식물을 만들 수 있다.
② 작은 화분을 이용하여 작은 정원을 꾸며 놓은 듯이 식물을 배치할 수 있다.
③ 꽃바구니에 식물을 심고 작은 의자로 디자인을 구성할 수 있다.
④ 넓은 실내 휴식 공간에 플랜트박스를 이용하여 녹지 공간을 조성할 수 있다.
⑤ 실내 로비에 대나무를 이용하여 시원함을 조성할 수 있다.
⑥ 도시 건물 실외의 한적한 모퉁이에 박스를 이용하여 식물을 심을 수 있다.
⑦ 낮은 건물 벽에 화분을 걸어서 장식할 수 있다.
⑧ 특정 작은 공간에 마사토를 이용하여 사막 느낌을 연출할 수 있다.
⑨ 테이블에 꽃이 아닌 화분을 이용하여 장식할 수 있다.
⑩ 음식점 건물 둘레를 식물로 장식할 수 있다.
⑪ 작은 화분을 이용하여 건물 벽에 여러 가지 식물을 매달아 놓을 수 있다.

6 식물의 생활환

모든 식물은 종자에서 싹이 나고 각 부분이 생장하고 꽃을 피우며, 열매를 맺고 노화하는 등의 과정을 거치는데 이를 식물의 생활환이라고 한다. 이러한 과정은 식물의 종에 따라 다르지만 동일한 종은 항상 반복적으로 이루어지고 있다.

1) 발육상

식물이 생육에 관하여 키가 커지는 것을 신장이라 하고, 여러 가지 기관이 양적으로 증대되는 것을 생장이라고 한다.

① **종자번식** : 종자는 수분·수정을 통하여 생기게 됨으로 종자번식을 유성번식이라고도 하며 씨를 뿌려서 번식하는 방법으로 한 번 파종으로 대량생산이 가능하며, 다른 번식법에 비하여 번식속도가 빠르고 다량의 식물체를 얻을 수 있으며 신품종의 육성 또는 무병주의 생산을 위해서 쓰이는 방법이다.

② **무성번식** : 수분·수정 없이 식물의 줄기나 잎, 식물의 눈, 뿌리 등을 이용하여 번식하는 방법으로 식물체만이 가능하며, 유전적으로 모주와 동일한 묘를 얻을 수 있다. 영양번식이라고도 한다.

포기나누기	다년생초화에서 움돋는 성질이 강한 관상수목에 이르기까지 시행하고 있다. 이에 해당되는 화훼는 세근이 없는 지하경을 분리하는 것과 완전한 식물체를 분리 증식하는 경우가 있다. 분주라고도 한다. 앵초·매발톱꽃·원추리·초롱꽃 등은 매년 포기나누기를 하여 주어야만 생육이 좋고 꽃도 아름답게 핀다.
알뿌리나누기	구근초화에서 자연적으로 생성하는 자구나 목자 및 주아등을 분리하여 증식하는 것과 분할에 의해서 2개 이상 증식시키는 것이다. 또 인공적으로 분할 절단 처리하여 자구를 생성시켜 증식하는 것들이 있다. 분구증식이라고도 한다.
휘묻이	일반적으로 휘는 줄기의 가지를 휘어서 가운데 부분을 땅속에 묻은 다음, 그 부분에서 뿌리가 내리면 본디의 가지 쪽을 잘라 새 그루로 만드는 인공번식법으로 취목증식이라고도 한다. 취목증식에는 단순취목·파상취목·공중취목의 방법이 있다.

꺾꽂이	식물의 줄기나 가지 · 뿌리 · 잎 따위를 자르거나 꺾어서 배양토에 꽂은 뒤 절단면이나 꽂힌 마디에서 새로운 뿌리를 발생시키는 번식방법으로 삽목증식이라고도 한다. 꺾꽂이는 사용하는 식물체의 부위에 따라 가지나 줄기를 잘라서 꽂는 줄기꽂이와 비교적 번식수단이 간편한 잎꽂이에는 잎자루꽂이 · 잎쪼각꽂이 · 잎가꽂이 등이 있으며 그 밖에 뿌리꽂이 등이 있다. 줄기꽂이는 대부분의 식물에서 가능하고, 잎꽂이와 뿌리꽂이는 일부 식물에만 가능하다. 아프리칸 바이올렛, 바위떡풀, 꿩의비름, 처녀치마 등은 잎꽂이가 잘 되는 식물이다.
접붙이기	나무의 품종개량이나 번식을 위해 개체가 다른 두 식물체를 부름켜에 맞대어 붙이는 방법으로 접가지를 접본의 상부에 붙이는 것을 접수, 아래에 붙이는 것을 대목이라 하며 선인장의 번식에 많이 이용되고 있는 방법으로 접목번식이라고도 한다.

2) 발아

- 식물의 종자 · 포자 · 꽃가루 및 가지나 뿌리 등에 생긴 싹이 발생 또는 생장을 개시하는 현상으로 흔히 종자의 경우를 말하는 경우가 많다. 수목의 눈이나 마늘 · 감자 · 백합 등의 생장점에서 돋는 것을 맹아라고 한다.
- 종자의 발아에는 식물의 씨마다 정해진 적당한 온도와 충분한 산소와 적당한 수분이 필요하며 또 종에 따라서는 빛을 필요로 하는 것과 반대로 암흑을 필요로 하는 것이 있으나 대부분의 식물은 빛의 유무와 관계가 없다.
- 발아가 시작되면 여러 가지 효소가 활동을 시작하여 호흡작용이 활발해지고 저장양분을 분해하여 이용하기 쉬운 형태로 바꾼다. 그리고 유아 · 유근 등의 분열조직의 급속한 활동에 이용된다. 종자에서 저장양분은 녹말 · 지방 · 단백질 등의 형태로 배유 · 외배유 · 떡잎에 들어 있다. 발아가 진행되면서 저장양분은 감소되지만 한편 떡잎이나 초생엽 등에 의해 엽록소가 형성되어 점차 광합성을 하게 되고 뿌리에서도 양분과 수분을 흡수하게 되어 자력에 의한 독립영양생장을 하게 된다.

3) 화성

식물이 유년기를 지나 성숙기에 이르는 순차적으로 발육이 완성되는 것을 상적 발육이라고 한다. 상적 발육에 있어서 가장 중요한 발육상의 경과는 영양기관의 영양적 발육이나 영양생장으로부터 생식기관의 발육 단계인, 즉 화아분화 능력을 갖추기 전까지의 생식 성장으로 이행하는 것이다. 영양생장 중인 줄기 끝의 분열조직은 줄기조직과 잎의 원시세포를 규칙적으로 분화시켜 생식생장으로 변화하면서 생리변화가 생겨 화아분화한 뒤 화아발달 과정을 통해 줄기의 끝은 비대하면서 화축, 즉 화탁을 형성하고 꽃받침·꽃잎·수술·암술 순으로 분화하여 최종적으로 꽃이 피는 것을 개화라고 한다.

4) 개화의 생리

- 개화는 종자식물의 생식기관인 꽃이 피는 현상으로 잎눈을 만들어 오던 생장점이 꽃눈을 만들 만한 상태로 전환되는 과정과 꽃의 각 부분이 분화되어 가는 과정 그리고 분화한 각 부분이 성숙하는 과정 등이 있다.
- 화훼의 개화조절 방법으로는 주로 온도·일장·생장조절물질이 있고 그밖에 토양수분이나 식물체의 영양상태가 개화에 영향을 줄 수 있다.
- 꽃눈의 형성이나 개화는 식물의 나이 등의 내적 조건 외에 일장·온도·생장조절물질 등의 외적 조건에 지배되는데, 각 과정이 반드시 같은 조건에 지배된다고 할 수 없다.
- 식물 생장조절물질에는 식물 호르몬인 지베렐린, 옥신, 사이토키닌, 아브시스산, 에틸렌 등이 있다.

7 식물의 휴면

식물은 시기와 기간이 다를 수 있으나 활동 또는 생장을 일시적으로 정체되거나 정지되는 휴면을 하게 되며, 종자·눈·포자·덩이뿌리·비늘줄기·알줄기 등의 상태로 일어난다.

자발적 휴면	씨눈의 미성숙, 식물호르몬, 종피의 불투수성 등과 같이 생장에 적합한 환경이 되어 있더라도 생장이 계속 정지되어 있는 내적 요인에 의한 휴면을 말한다.
타발적 휴면	식물이 건조·저온 등 수분·온도·광·산소 등이 부적합할 때 씨눈의 활동이 제한되는 경우와 같은 외적 요인으로 일어나는 휴면을 말한다.

휴면이 타파되어야 발아 또는 맹아가 이루어진다. 대부분 온대식물은 저온처리를 해야 하며, 타발적 휴면일 경우, 불량환경이 생육에 적당한 환경으로 바뀌면 다시 생장을 시작하게 된다.

1) 종자의 휴면타파

- 종자는 보통 성숙과 동시에 휴면상태에 들어가 겉을 둘러싼 단단한 종피에 의해 보호된다. 일반적으로 1~2년 동안에 수분·온도·빛 등의 조건이 알맞게 충족되면 휴면에서 풀려난다.
- 종자의 휴면을 타파하는 방법은 껍질을 기계적 또는 화학적으로 상처를 내거나 묽은 황산에 담가주면 휴면이 해제되어 종자가 발아한다. 라일락, 산수유, 장미 등에 이용된다.
- 식물 호르몬인 아브시스산과 같은 발아 억제물질이 종자의 외피, 내피, 씨눈, 떡잎 등에 함유되어 있으며, 내측보다는 외측에 더 많은 양이 함유되어 있다. 발아촉진은 저온처리 과정에서 종자 내측에 있는 아브시스산이 서서히 감소되고 지베렐린이나 사이토키닌 같은 발아촉진물질이 증가하면서 발아한다.
- 지베렐린 처리로 글록시니아, 칼세올라리아, 프리뮬러, 피라칸타, 녹자백합의 휴면이 타파된다. 휴면이 없거나 매우 둔감한 종으로는 카네이션이 있다.

2) 구근류의 휴면타파

- 구근류의 휴면은 자발적 휴면과 타발적 휴면이 있다. 일반적으로 일정한 기간 동안 고온이나 저온에서 지난 다음 일정한 온도가 되면 휴면이 타파되고 개화한다.
- 구근아이리스, 프리지아등은 여름의 고온을 겪음으로써 휴면이 타파되고, 구근베고니아, 글라디올러스, 달리아, 도라지, 리아트리스 등은 가을에 휴면하는 식물로 저온처리에 의해서 휴면이 타파된다.
- 가을에 심은 구근 화초를 촉성재배할 때는 저온처리를 하기 전에 휴면을 타파하기 위하여 구근을 수확한 직후 30~35℃에서 1~2주 동안 고온처리를 하며, 구근아이리스나 프리지어는 고온처리를 겸하여 훈연처리를 한다. 백합류는 고온에서 휴면하며, 저온에서 타파한다.

3) 숙근초의 휴면타파

- 대부분 한·온대지방의 숙근초는 가을에 낙엽이 지면서 90~120일에 달하는 기간 동안 자발적인 휴면에 들어간 다음 자발적 휴면이 끝나면 강제휴면에 들어가게 된다.
- 식물은 자발적 휴면이 끝난 다음 각 식물에 맞는 생육적온을 맞추어주면 발아하여 자연

환경 아래에서 개화하게 된다. 국화, 나리류, 개별꽃, 산괴불주머니, 은방울꽃, 현호색 등은 0~3℃에서 일정한 기간 동안 처리하면 휴면이 타파된다.

4) 화목류의 휴면타파

화목류의 경우 개나리, 라일락, 목련, 벚나무, 철쭉류 등은 자발적 휴면이 자연에서 11월 말까지 끝나며, 인위적인 휴면타파는 0℃에서 90일 이상 처리하여 14~27℃가 유지된 곳에 두면 60일 이내에 발아하고 개화한다. 봄에 피는 화목의 경우 전년도 여름부터 가을에 걸쳐서 꽃눈이 분화하며, 그 대부분은 겨울의 추위에 1개월 정도의 기간을 거치지 않으면 휴면이 타파되지 않으며 잘 개화하지 않는다.

기출문제

★1. 테라리움에 대한 설명으로 옳지 않은 것은?

① 라틴어의 terra흙과 arium작은 용기의 합성어에서 그 용어가 유래되었다.
② 밀폐된 투명한 작은 용기 속에 흙을 채우고 각종 식물을 배치하여 기르면서 감상하는 원예활동을 말한다.
③ 주로 건조한 환경을 좋아하는 식물, 온도 변화에 민감하지 않고 잘 견디는 식물이 적합하다.
④ 바닥에 물이 흐르지 않기 때문에 인테리어 효과가 뛰어나다.

| 해설 |
주로 저온과 다습에 강한 식물이 적합하다.

★2. 분식물은 기본적으로 용기와 토양, 식물, 첨경물로 구성되는데, 다음 중 디쉬가든 장식에 적합하지 않은 것은?

① 접시처럼 넓고 얕은 용기
② 키가 작은 식물
③ 생육속도가 빠른 식물
④ 뿌리가 깊게 뻗지 않는 식물

| 해설 |
디쉬가든 장식에 적합한 식물은 생육속도가 느린 식물이다.

★3. 디쉬가든에 사용되는 식물들의 조건은?

① 같은 크기의 식물끼리 심어야 한다.
② 잎줄기 식물끼리 심어야 한다.
③ 물을 자주 주는 식물이 좋다.
④ 모든 생육환경이 비슷한 식물끼리 심어야 한다.

| 해설 |
디쉬가든용 화기는 대개 크지 않고 배수구가 없으므로 성장 속도가 느린 식물로 선택하는 것이 좋으며 재배 환경이 같은 종류끼리 심으면 관리하기 쉽다.

answer 1. ③ 2. ③ 3. ④

기출문제

★4. 식물 모아심기에 대한 설명으로 틀린 것은?

① 대형식물 아래로 느낌이 비슷한 소형식물을 심어 아랫부분에 균형미를 줄 수 있다.
② 민무늬 잎 식물과 무늬 잎 식물로 조화를 주어 정적인 분위기를 만들어 줄 수 있다.
③ 키 큰 식물과 덩굴식물은 서로 성격이 달라 모아심기에는 부적합하다.
④ 넓은 잎 식물과 작은 잎 식물로 강약의 율동감을 주어 초록의 생동감을 표현할 수도 있다.

| 해설 |
식물의 배치는 키 큰 식물을 중앙, 넝쿨성 식물은 바깥쪽에 배치하여 대칭형으로서 조화로운 식물 모아심기 배치방법 중 하나이다.

★5. 테라리움 재배에 대한 설명으로 틀린 것은?

① 식물을 식재할 때는 핀셋이나 안착기를 사용한다.
② 투명한 용기에 식재하기 때문에 직사광선이 있는 장소는 피해야 한다.
③ 가볍고 소독이 잘된 배양토를 선택한다.
④ 생장 환경이 다른 식물들을 선택해 다양하게 관상할 수 있도록 한다.

| 해설 |
테라리움의 경우 특정 용기에 식물을 식재하는 디자인 형태로서, 생장환경과 생장속도가 비슷한 식물을 식재하여 관상하는 분화디자인이다.

★6. 비바리움의 설명으로 적합하지 않는 것은?

① 유리용기 속에 파충류나 곤충을 배식한 식물과 함께 넣어 자연의 모습을 연출한 것이다.
② 비바리움은 테라리움의 변형된 형태이다.
③ 비바리움은 유리용기 속에 연못을 만들어서 식물과 함께 물고기·거북이 등을 키운다.
④ 식물과 동물의 생육조건이 비슷해야 하므로 서로의 원산지를 잘 살펴서 선택해야 한다.

| 해설 |
- 테라리움 : 유리 등 투명한 그릇 속에 배수층을 만들고 식물을 심어 작은 정원을 꾸미는 것을 말한다.
- 비바리움 : 비바리움(vivarium)의 viva는 동물을 의미하여 유리용기 속에 도마뱀, 뱀, 이구아나, 개구리 등의 동물과 식물이 어우러져 공생할 수 있는 생육조건을 만든다.
- 아쿠아리움 : 아쿠아리움(aquarium)의 aqua는 물을 의미하며 유리용기 속에 연못을 만들어 시페러스와 같은 수생식물을 심고 물 속에 거북이나 관상용 물고기를 넣어서 키우는 것을 말한다.

answer 4.③ 5.④ 6.③

기출문제

★7. 수경재배의 설명으로 적합하지 않는 것은?

① 용기의 크기에 따라 차이가 있지만 하루 1회 정도 물을 바꾸어 주면 된다.
② 작물의 뿌리만 수경액에 잠기도록 하고 수경액을 일정 기간마다 바꾸어 준다.
③ 식물의 생육에 필요한 영양분을 녹인 배양액만으로 식물을 재배하는 방법이다.
④ 수경재배 또는 물가꾸기라고도 한다.

> **| 해설 |**
> 흙을 사용하지 않고, 식물이 크는 데 필요한 양분이 들어 있는 배양액으로 식물을 재배하는 것으로 여러 가지 영양분을 물에 녹여 식물에게 공급하는 방법으로 일정 기간마다 바꾸어 준다.

answer 7. ①

PART 6
화훼장식 상품 관리

화훼장식기능사 필기편

chapter 01
화훼장식 상품 관리
1 절화상품 관리
2 분화상품 관리
3 가공화상품 관리
4 대여상품 관리

Chapter 01
화훼장식 상품 관리

1 절화상품 관리

절화는 식물의 줄기를 잘라 장식하는 형태로, 주로 꽃장식과 함께 다양한 방식으로 활용된다. 절화 장식은 시간이 제한된 일시적 특징을 가지며, 꽃이 시들기 전까지 유지되는 것이 핵심이다. 절화의 품질과 상품 가치를 결정하는 가장 중요한 요소는 신선도이다. 꽃은 채화되는 순간부터 수명이 줄어들기 시작하며, 꽃봉오리 상태를 적절히 개화시키고 관리함으로써 수명을 연장할 수 있다. 수확, 저장, 유통 과정에서 적절하게 관리하지 못하면 수명이 급격히 감소하지만, 올바른 환경 조건과 취급 방법을 적용하면 절화 수명을 상당히 늘릴 수 있다. 따라서 유통 과정에서 절화를 올바르게 손질하고 관리하는 방법을 숙지하는 것이 중요하다.

1) 절화 취급 요령
① 물올림

수확한 절화는 상자나 신문지에서 비로 풀이 소독된 물통에 담아야 한다. 꽃의 종류와 상태에 따라 적절한 물올림을 실시함으로써 신선도를 유지할 수 있다.

② 습도 조절

절화는 수확 후 저장 기간 내내 높은 습도와 낮은 온도를 유지하며, 적당한 공기 순환 환경이 필요하다. 온도가 높거나 직사광선을 받으면 절화가 쉽게 시들어 상품 가치가 떨어지므로 주의한다.

③ 저장 용기

저장 용기는 깨끗하게 세척하고 비금속성을 사용해야 한다. 꽃이 상처를 입지 않도록 낮은 용기를 사용하며, 꽃이 용기 벽면에 직접 닿지 않도록 배치하는 것이 바람직하다.

2) 절화 수명 연장 방법
① 줄기 처리

줄기를 자를 때는 날카로운 칼을 사용하고, 즉시 물에 담가야 한다. 줄기가 공기 중에 오래 노출되면 도관이 막혀 수분 흡수가 어려워지므로, 가능한 물속에서 자르는 것이 좋다. 또한, 물 흡수 면적을 넓히기 위해 줄기를 45°로 비스듬히 절단한다.

② 아랫잎 제거

물에 잠기는 잎은 부패가 빠르며, 박테리아가 번식해 줄기 부패를 촉진한다. 또한 부패된 잎에서 발생하는 에틸렌은 꽃의 노화를 가속하므로, 아랫잎은 반드시 제거해야 한다.

③ 꽃잎 보호

꽃잎은 수분 증발이 많아 지나친 수분 손실 시 쉽게 시든다. 이를 방지하기 위해 비닐이나 유산지로 꽃잎을 싸 수분 증발을 억제해야 한다.

④ 절화 보존제 사용

절화의 수명을 연장하고 노화를 지연시키는 약제를 사용할 수 있다. 주요 성분으로는 에틸렌 발생 억제제, 미생물 증식 억제제, 식물 생장 조절제, 영양제 등이 있으며, 일부 경우 탄산음료나 하이포아염소산 나트륨을 물에 혼합하여 사용하기도 한다.

2 분화상품 관리

1) 분화상품 관리법

식물은 종류와 특성, 원산지 등에 따라 원하는 토양조건이 다르다. 좋은 배양토랑 배수성·보수성·통기성이 좋아야 하고, 토양산도가 적당해야 하며, 식물생육에 필요한 양분이 풍부하고, 잡초 씨가 없고, 병원균과 해충이 없는 것이어야 한다.

① **물관리** 관수

분화류의 재배에서 양분흡수 및 생장과 직접 관련 있는 관수는 발아법에 따라 식물의 생육이 좌우된다. 식물이 필요로 하는 수분의 양은 식물의 종류와 재배환경, 배양토와 화분의 종류, 식물의 크기에 따라 달라진다. 일반적으로 지하수는 경수이며, 수돗물·빗물 등은 연수인 경우가 많은데, 관수용으로는 연수가 좋다. 바로 보다는 수돗물은 불소 등의 화학물질을 함유하고 있어 식물에 좋지 않은 영향을 주기 때문에 하루 정도 침전시킨 후에 사용하는 것이 좋으며, 수온은 토양이나 기온과 비슷한 온도의 물을 이용하는 것이 좋으므로 물탱크에 물을 저장하였다가 사용하는 것이 좋다.

② **빛 관리**

분화류는 아름다운 꽃을 관상대상으로 하는 관화식물과 잎을 관상대상으로 하는 관엽식물, 열매를 관상대상으로 하는 관실식물로 구분된다. 여름철 강한 광선 아래에서 재배되는 분식물은 직사광선에서도 재배할 수 있지만, 30~50%로 차광하고, 약한 광선을 좋아하는 분식물은 70~80% 차광하는 것이 좋다. 특히 알뿌리 개화식물은 강한 광조건 하에 두면 꽃의 수명이 짧아지므로 낮은 광조건 아래에 두도록 한다.

③ **온도 관리**

분화류의 생육에 알맞는 온도범위는 관엽식물의 경우 16℃ 이상이며, 구근류나 초화의 경우 10℃ 정도이다. 온도가 25℃ 이상으로 높으면 꽃대가 웃자라고 노화가 촉진되어 상품가치를 떨어뜨릴 수 있으므로 시원한 온도 15~18℃에서 관리해야 한다. 수선화·크로커스·튤립·히아신스와 같은 구근류의 개화식물은 개화시간이 짧으므로 수명을 연장시키기 위하여 냉장고에 보관하는 것이 좋다.

④ **병충해 관리**

분화류는 재배되는 종류가 다양하고 병충해에 취약한 종류가 많아 발생하는 식물병의 종류도 많고 그 피해도 크다. 건강하고 깨끗한 외형이 매우 중요하기 때문에 각종 식물병과 해충에 의한 피해는 상품의 관상 가치와 상품성의 저하로 연결된다.

병충해가 생기면 큰 피해가 날 수 있고 치료가 어렵기 때문에 발생 후 방제보다 병의 발생 전 예방이 더욱 중요하다. 식물을 재배할 때 인위적인 빛, 온도, 수분, 토양과 같은 환경들을 적절한 생육환경을 갖추어야 하며, 소독이 된 깨끗한 토양을 이용하고 관수 관리를 적절하게 하여야 한다.

2) 배양토의 종류와 특성

① 무기질 재료

모래	깨끗하고 거친 것이 좋다. 강모래가 주로 사용되고 있지만 분재에서는 산모래가 사용된다. 통기성은 뛰어나지만 점토질이 거의 없어 보수력·보비력이 약하다. 배수가 잘 되기 위해 조합토로 사용되며, 꺾꽂이에도 사용한다.
참흙	모래에 점토가 25~37.5% 정도로 알맞게 포함된 흙으로 보수력·비료흡수력·접착력·공기의 유통이 좋아 식물재배에 적합하다.
질흙	흙알 지름이 0.002mm 이하인 것으로 수분 및 각종 무기성분을 흡수하는 힘이 강하기 때문에 보수력·보비력은 높은데 배수와 토양의 통기가 불량해지므로 부엽토 등과 혼합하여 사용하는 것이 좋다.

② 유기질 재료

피트모스	이끼류·갈대·사초 등의 벼과 식물과 소나무·자작나무 등의 수목질의 유체가 분지에 두껍게 퇴적되어 완전히 분해되지 않고 탄화된 떼알 모양의 토양으로 유기물의 함량이 높아 보비력·보수성·통기성이 좋고 장기간 양분을 흡착하는 힘이 좋으며, 염기치환 용량이 높은 재료로 제조과정에서 100℃ 이상으로 쪄서 잡균이나 벌레가 없으며 토양소독을 하지 않아도 된다. 강한 산성pH 3.5~4.5이므로 산성에 강한 식물을 재배하는 데 활용하거나 산도를 조절하여 사용하는 것이 좋다.
물이끼	습한 반그늘에서 야생하며, 초장이 약 15cm이고 줄기에는 수분을 저장할 수 있는 물주머니가 있어서 그 자체의 10~20배 정도 수분을 흡수하며, 또 강산성pH 3.5~4.0인 수태산을 분비하므로 곰팡이·박테리아 발생이 저지된다.
바크	떡갈나무·라왕·소나무·야자·전나무·참나무 등의 껍질을 굵게 분쇄하여 만든 덴드로비움·심비디움·카틀레야 등 서양란의 식재 재료로 사용되고 있다.
고삐뿌리	울릉도와 남부지방에 자생하는 열대 지방이 원산인 고사리과 식물로 오스만다라고도 한다. 잘 말려서 3~5cm 길이로 잘라 수태와 혼합하여 기근성의 난식물을 심는 데 사용한다.
헤고	대만·인도 등에 자생하는 상록목본의 큰 고사리과 식물로 키아데아 라고도 한다.

3 가공화상품 관리

1) 건조화의 채집

꽃봉오리는 꽃이 가장 좋은 상태일 때 채집하지 않으면 꽃받침이나 꽃송이 자체가 떨어지기 쉽다. 건조시키기 위한 소재들은 건조한 날의 한낮이나 오후에 채집한다. 습기로 인하여 곰팡이가 생기며 마르는 과정도 느리기 때문이다. 꽃송이의 약한 줄기는 건조하는 동안 잘 시들므로 꽃송이 밑에 2~3cm만 남기고 줄기를 자른 다음, 꽃이 마르기 전에 와이어링 한다. 목초는 꽃가루가 생기기 전인 봉오리 상태가 되기 전에 자르며, 호밀이나 밀 같은 곡식들은 봉오리가 된 후 녹색일 때 자른다. 많은 씨로 된 소재들은 자체 식물에서 자연적으로 마르거나 그 전에 채집한다.

2) 건조시키는 방법

① 자연건조

공기 중에서 자연적으로 건조시키는 방법은 꽃이 가장 좋을 상태일 때에 꽃을 선택하여, 모든 잎을 제거하고 꽃을 작은 다발로 묶어 온도가 높고 습도가 낮은 채광이 안 드는 장소에 거꾸로 매달아 건조시키면 대부분의 꽃은 1주일에서 3주일이면 건조된다. 응달이 꽃의 색상을 보존시키는 역할을 한다.

② 매몰건조

꽃을 건조제에 묻어 건조시키는 방법으로 건조된 모든 꽃이 형태나 색상의 손실이 거의 없이 건조된다. 건조제로 밀폐된 용기를 채운 다음 적어도 2~3cm 정도 와이어링된 꽃을 채우고 조심스럽게 꽃들이 완전히 묻힐 때까지 건조제로 꽃들을 덮는다.

③ 열풍건조

식물의 호흡으로 인한 영양손실을 줄이기 위해 건조할 소재를 적당한 두께의 층으로 쌓고 여기에 열풍을 보내어 건조하는 방법으로 열풍건조기를 이용하면 변색이 적어 많은 종류의 꽃에서 아름다운 색을 유지할 수 있다. 꽃의 종류에 따라 건조 정도를 달리하고 변색을 방지하기 위한 약품처리를 하고 있는 것으로 추측되며, 장미의 경우 색과 향기가 40~50℃ 정도가 적절한 온도이며 60℃에서 색이 잘 유지되는 품종도 있다.

④ 냉동건조

건조할 소재를 냉동시킨 후 주위의 기압을 낮춰서 고체 상태의 수분이 기체로 승화할 수 있게 하여 기화한 수분은 장치 안의 냉각기 쪽으로 끌려가서 수분이 줄어들게 되는 건조 방식으로 영하 50℃의 초저온 상태나 진공상태에서 약 10여일동안 꽃조직 속의 수분을 알갱이 상태로 서서히 제거시키는 방법이다.

⑤ 글리세린 건조

질감이 거칠고 열매가 잘 열리는 여러 가지 종류의 잎을 보다 유연하고 자연스런 상태로 보존해 준다.

⑥ 압화

식물의 꽃, 잎, 줄기, 덩굴, 등을 책갈피나 기구를 이용하여 건조시킨 다음 사용하는 압화는 화훼장식의 한 분야로 각광을 받고 있다. 압화에 사용할 재료는 지나치게 크지 않고 작거나 중간 정도의 크기가 적당하며, 잎의 두께가 너무 두껍지 않아야 한다. 절화는 물올림이 좋은 상태에서 가공해야 화색과 형태가 좋다.

3) 가공화 종류 및 관리요령

① 조화 Artificial Flower, 인공화

- 특징
  - 천, 종이, 플라스틱, 폴리머 등으로 만들어진 인공 꽃이다.
  - 형태가 변형되지 않고, 색상과 모양이 장기간 유지된다.
- 관리 요령
  - 청결 유지: 먼지가 쌓이지 않도록 부드러운 솔이나 마른 천으로 정기적으로 닦는다.
  - 직사광선 피하기: 강한 햇빛에 노출되면 색이 바래므로 커튼이나 그늘진 곳에 배치한다.
  - 습도 관리: 습도가 높은 곳에 두면 재료가 변형될 수 있으므로 건조한 환경에서 보관한다.
  - 보관 주의: 날카로운 물체와 접촉하지 않도록 하며, 형태가 눌리지 않도록 충분한 공간 확보

② 프리저브드 플라워 Preserved Flower, 보존화

- 특징

살아 있는 꽃을 특수 용액으로 처리하여 수분과 형태를 유지한 꽃이다.
수년간 자연스러운 생화 느낌을 유지할 수 있다.

- 관리 요령
  - 직사광선·고온 피하기: 직사광선이나 열에 노출되면 색이 변색될 수 있으므로 서늘하고 그늘진 곳에 배치한다.
  - 습기 조절: 고습 환경은 곰팡이 발생 가능성이 있으므로 습도가 낮은 곳에 보관한다.
  - 물 주지 않기: 이미 보존 처리된 꽃이므로 물을 주면 형태와 색상이 손상된다.
  - 충격 방지: 압력이나 충격에 의해 꽃잎이 떨어질 수 있으므로 부드럽게 다룬다.

③ 프레스 플라워 Pressed Flower, 압화

- 특징
  - 꽃이나 잎을 눌러 수분을 제거하고 평면으로 만든 가공화이다.
  - 액자, 카드, 장식품 등에 활용된다.
- 관리 요령
  - 습도·물기 주의: 습기가 많은 곳에 두면 눌린 꽃이 곰팡이 생기거나 부패할 수 있다.
  - 직사광선 피하기: 햇빛에 오래 노출되면 색이 바래므로 액자 안쪽이나 UV 차단 유리 사용 권장
  - 보관: 액자나 두꺼운 책 사이에 넣어 압착 상태를 유지하면 형태 유지에 도움 된다.
  - 도구 사용: 꽃잎이 부서지기 쉬우므로 장식 시 핀셋 사용

④ 드라이 플라워 Dried Flower, 건조화

- 특징
  - 자연 건조, 실내 건조, 실리카겔 건조 등으로 수분을 제거한 꽃이다.
  - 색상과 형태가 일정 기간 유지되지만, 자연스러운 색 변화를 겪는다.
- 관리 요령
  - 습도 관리: 습기가 많으면 곰팡이가 생기므로 건조하고 통풍이 잘 되는 곳에 둔다.

- 직사광선 회피: 직사광선에 오래 노출되면 색이 바래고 꽃잎이 부서질 수 있다.
- 충격 주의: 건조 상태에서 꽃잎이 쉽게 부서지므로 손으로 다룰 때 조심한다.
- 방충: 곤충 피해를 예방하기 위해 방충제나 밀폐용기를 사용 가능하다.

⑤ 포푸리 | Potpourri

- 특징
  - 건조 꽃잎, 허브, 향료를 혼합하여 향을 즐기는 장식용 가공화이다.
  - 시각적 장식 효과와 향기 지속이 특징이다.
- 관리 요령
  - 직사광선과 고온 회피: 향이 날아가거나 색이 바랄 수 있으므로 서늘하고 그늘진 곳에 보관한다.
  - 습도 조절: 습도가 높으면 곰팡이가 생길 수 있으므로 건조한 환경 유지
  - 향 유지: 향이 약해지면 에센셜 오일을 소량 추가하여 향을 보충한다.
  - 충격 주의: 내용물이 부서지거나 떨어질 수 있으므로 용기에 담아 관리

4 대여상품관리

대여상품관리란 결혼식, 행사, 기업 사무실, 호텔, 방송 세트 등에서 일시적으로 사용하는 화훼장식품을 대여하고, 사용 후 회수 및 재사용하는 과정을 관리하는 것을 의미한다. 대여 일자, 반납 일자, 사용 장소, 사용 후 상태를 기록하여 재고와 상태를 관리한다. 손상 발생 시 보수 또는 교체 여부를 상세히 기록해야 한다.

대여 목적: 단기적 장식 효과 제공, 비용 절감, 유지관리 부담 최소화
대상: 절화, 분화, 조화, 프리저브드 플라워, 화환, 센터피스, 장식 구조물 등

기출문제

★1. 식물에 좋은 토양 조건이 아닌 것은?

① 보수력과 보비력이 좋아야 한다.
② 배수성과 통기성이 좋아야 한다.
③ 염류가 많아야 한다.
④ 병충해가 없는 무병토이어야 한다.

| 해설 |
보수력과, 보비력, 배수성, 통기성이 좋아야 하며 염류가 많은 토양은 식물에게 좋지 않다.

★2. 압화의 재료로 사용하기 어려운 꽃은?

① 주름이 많은 꽃
② 색이 선명한 꽃
③ 꽃잎의 수분함량이 적은 꽃
④ 구조가 간단하고 꽃잎이 작은 꽃

| 해설 |
압화에 사용할 재료는 지나치게 크지 않고 작거나 중간 정도의 크기가 적당하며, 잎의 두께가 너무 두껍지 않아야 한다. 절화는 물올림이 좋은 상태에서 가공해야 화색과 형태가 좋다.

★3. 화훼장식의 주재료인 생화는 지속시간이 짧은 단점을 가지고 있다. 이 단점을 보완할 수 있는 것은?

① 콜라주　　② 종이
③ 건조화　　④ 염색화

| 해설 |
각 생화에 알맞은 건조방법을 사용해주면 보다 오래 볼 수 있는 장점이 있다.

★4. 건조화가 최적의 소재가 되기 위한 특성이 아닌 것은?

① 유연성이 있어야 한다.
② 지속성이 있어야 한다.
③ 원하는 색을 유지해야 한다.
④ 건조나 가공 후 변형이 있어야 한다.

| 해설 |
건조화는 유연성, 지속성이 있으며 원하는 색상을 유지할 수 있는 것이 좋다. 건조나 가공 후 변형이 없어야 최적의 건조소재가 될 수 있다.

answer　1.③　2.①　3.③　4.④

기출문제

★5. 건조화에 대한 설명으로 틀린 것은?

① 전시방법, 장소, 위치에 덜 구애받는다.
② 쉽게 부패되는 소재는 방부제 처리를 해 준다.
③ 꽃이 만개하였을 때 건조하는 것이 효과적이다.
④ 보관 시에는 햇빛이 적게 받는 곳에 둔다.

| 해설 |
꽃을 건조할 때 꽃봉오리는 꽃이 가장 좋은 상태일 때 채집하지 않으면 꽃받침이나 꽃송이 자체가 떨어지기 쉽다. 건조시키기 위한 소재들은 건조한 날의 한낮이나 오후에 채집한다. 습기로 인하여 곰팡이가 생기며 마르는 과정도 느리기 때문이다. 꽃송이의 약한 줄기는 건조하는 동안 잘 시들므로 꽃송이 밑에 2~3cm만 남기고 줄기를 자른 다음, 꽃이 마르기 전에 와이어링한다.

★6. 액체 글리세린 건조법에 대한 설명으로 틀린 것은?

① 건조된 재료의 저장에 폴리에틸렌 필름을 사용한다.
② 수분이 글리세린으로 교환되어 좋은 질감과 유연함을 갖는다.
③ 수분흡수 능력이 있는 계절에 이용 가능하다.
④ 글리세린의 농도와 처리시간에 따라서 색깔에 차이가 있다.

| 해설 |
글리세린 건조 : 질감이 거칠고 열매가 잘 열리는 여러 가지 종류의 잎을 보다 유연하고 자연스런 상태로 보존해 준다.

answer 5. ③ 6. ①

PART 7
화훼장식 상품 판매

화훼장식기능사 필기편

chapter 01
고객 응대
1. 고객관리
2. 고객카드

chapter 02
매장 외 판매
1. 판매촉진 관리의 의의
2. 상품 홍보
3. 매체 구분에 따른 홍보

Chapter 01
고객 응대

1 고객관리

　매장운영과 고객관리는 성공적인 사업의 필수요소이며 고객의 니즈를 파악하고 맞춤형 제품을 고객에게 제공함으로써 기존고객을 충성도가 높은 고객층으로 고정시키는 효과가 있다.
　고객 관계 관리CRM[1]는 신규고객을 지속적으로 유치하고, 기존고객을 고정화하여 기업의 성장을 촉진하는 방법이다. 구매 후 고객관리를 통하여 재구매율을 높이고 우수고객 시스템을 도입하여 핵심고객을 관리하며 매출증대 및 기업의 성장을 촉진하는 경영방법이다.

2 고객카드

1) 고객 정보

　고객카드를 작성하기 위해선 수집해야 하는 고객정보를 분류할 수 있어야 하며 상담일지, 주문서 등을 활용할 수 있는 기초 지식이 필요하다. 고객의 주소, 연락처 외에도 이벤트제공과 마케팅에 활용하기 위한 다양한 정보를 수집, 기록할 수 있다.
　① 고객관리카드를 작성한다.

---

[1] **고객 관계 관리**(顧客關係管理, Customer relationship management, 줄여서 CRM)는 소비자들을 자신의 고객으로 만들고, 이를 장기간 유지하고자 하는 경영방식이며 기업들이 고객과의 관계를 관리, 고객 확보, 그리고 고객, 판매인, 협력자와 내부 정보를 분석하고 저장하는데 사용하는 광대한 분야를 아우르는 방법이다.

② 반복적 거래에 대한 정보를 입력한다.
③ 최근 구매, 구매빈도 및 횟수, 평균금액 등을 분석하여 리스트를 분류한다.

2) 고객카드 내용

상담 일지, 주문서 등의 기록을 분석하여 고객의 취향과 주요 행사 등을 분석하여 서비스 제공의 기본 데이터를 구축한다. 고객카드의 주요 내용은 고객의 성함, 성별, 연령, 직업, 생일, 결혼기념일, 취미, 연락처 등이다.

3) 개인정보의 수집, 이용에 관한 법률 (「개인정보보호법」 15조 1항 이하)

「개인정보 보호법」이란, 개인정보 보호를 위한 법률로 당사자의 동의 없이 개인정보를 수집, 활용하거나 제 3자에게 제공하는 것을 금지하는 등 개인의 권익보호를 강화하기 위한 법을 말한다. 따라서 고객의 개인정보를 수집할 때는 정보의 사용 목적과 사용방법에 대해 상세하게 설명하고 동의를 받아야 한다. 고객에게 보다 나은 서비스를 제공하고 매장의 영업을 확장하기 위해 고객정보를 수집하여 이를 활용하는 건 필요조건이다. 그러나 고객의 중요한 개인정보를 수집하고 관리하는 일은 철저한 윤리의식과 고객관리에 필요한 최소한의 범주에서 활용하여야 한다.

> **사례**
>
> **개인정보의 수집, 이용에 관한 법률 (제 3장 정보수집)**
>
> **제3장 개인정보의 처리**
> 제1절 개인정보의 수집, 이용, 제공 등
> 　제15조 개인정보의 수집 · 이용
> ① 개인정보처리자는 다음 각 호의 어느 하나에 해당하는 경우에는 개인정보를 수집할 수 있으며 그 수집 목적의 범위에서 이용할 수 있다.
>
> 　1. 정보주체의 동의를 받은 경우
> 　2. 법률에 특별한 규정이 있거나 법령상 의무를 준수하기 위하여 불가피한 경우
> 　3. 공공기관이 법령 등에서 정하는 소관 업무의 수행을 위하여 불가피한 경우
> 　4. 정보주체와의 계약의 체결 및 이행을 위하여 불가피하게 필요한 경우
> 　5. 정보주체 또는 그 법정대리인이 의사표시를 할 수 없는 상태에 있거나 주소불명 등으로 사전 동의를 받을 수 없는 경우로서 명백히 정보주체 또는 제3자의 급박한 생명, 신체, 재산의 이익을 위하여 필요하다고 인정되는 경우

6. 개인정보처리자의 정당한 이익을 달성하기 위하여 필요한 경우로서 명백하게 정보주체의 권리보다 우선하는 경우. 이 경우 개인정보처리자의 정당한 이익과 상당한 관련이 있고 합리적인 범위를 초과하지 아니하는 경우에 한한다.

② 개인정보처리자는 제1항제1호에 따른 동의를 받을 때에는 다음 각 호의 사항을 정보주체에게 알려야 한다. 다음 각 호의 어느 하나의 사항을 변경하는 경우에도 이를 알리고 동의를 받아야 한다.

1. 개인정보의 수집·이용 목적
2. 수집하려는 개인정보의 항목
3. 개인정보의 보유 및 이용 기간
4. 동의를 거부할 권리가 있다는 사실 및 동의 거부에 따른 불이익이 있는 경우에는 그 불이익의 내용

③ 개인정보처리자는 당초 수집 목적과 합리적으로 관련된 범위에서 정보주체에게 불이익이 발생하는지 여부, 암호화 등 안전성 확보에 필요한 조치를 하였는지 여부 등을 고려하여 대통령령으로 정하는 바에 따라 정보주체의 동의 없이 개인정보를 이용할 수 있다. <신설 2020. 2. 4.>

출처 : 법제처2020. 국가법령정보센터 http://www.law.go.kr에서 2021.07.20.검색.

Chapter 02

매장 외 판매

1 판매촉진 관리의 의의

화원에서 꽃을 구매하도록 고객이 필요한 정보를 제공해야 할 목표로 설정한 고객을 대상으로 알리거나 정보내용을 상기시키는 정보제공 활동을 판매촉진 활동이라고 한다. 이러한 판매촉진 활동에는 광고, 홍보, 선전, 인적판매 등이 있다.

- 홍보 : 전단, 도록, 편지, 신문, 라디오, TV, 인명부, 방문, 상품의 샘플 등의 매체를 통해 화원이나 화훼장식에 대한 일반적인 인식을 만들어 가는 모든 활동이다.
- 광고 : 특별한 아이디어, 상품의 성격, 특정가격 등을 알려 소비자가 상품을 구입하도록 유도하는 행위로 화원 대부분의 광고는 전화 또는 인터넷을 통해 화훼상품을 구입하도록 유도한다. 일반적으로 인터넷, TV, 라디오, 신문, 잡지의 광고가 주를 이루며 그 밖에 전단, 우송광고, 판촉물 광고, 인명부 광고 등으로 분류할 수 있다.

2 상품 홍보

홍보란 일반 대중에게 널리 정보를 알리는 것을 말하며, 상품홍보는 매출증대를 목적으로 기업의 상품을 대중들에게 알려서 상품에 대한 인식이나 이해를 높이는 활동을 말한다.

1) 홍보대상에 따른 홍보

대내적 홍보	대내적 홍보란 조직체의 구성원이나 그 가족, 고객, 지역사회 등을 대상으로 하는 것을 말하는데, 이러한 것은 일반적으로 고객, 거래선, 지역사회 등을 대상으로 한다.
대외적 홍보	대내적 홍보의 대상을 제외한 일반 대중들을 대상으로 하는 것으로 언론, 정부, 각종 사회단체 등을 대상으로 하는 홍보를 말한다.

2) 홍보계획 세우기

① 상품홍보 및 시장조사를 실시한다.
② 고객 선호도를 조사한다.
③ 상품 홍보방법을 선정한다.
④ 홍보계획서를 작성한다.
⑤ 홍보예산서를 작성한다.
⑥ 홍보를 실시한다.

3 매체 구분에 따른 홍보

소비자 구매패턴과 목표 시장에 따라 적합한 홍보매체를 선정한다. 이를 위해서는 기존 고객의 리스트와 방문고객에 대한 조사, SNS조사 등을 토대로 하여 고객의 소비행태를 파악하는 것이 중요하다.

1) 인쇄매체

신문 일간지	신문의 특징은 홍보하고자하는 메시지를 절대 다수의 대중에게 전달해 주는 표준적이고 전통적인 매체이다. 공신력이 높고, 종류가 많다. 특히, 독자층이 광범위한 보편적매체이며, 비용이 상대적으로 저렴하다.
잡지 주간지/ 월간지	잡지는 원고를 수집하고, 주간지, 월간지, 계간지 등 일정한 간격을 두고 정기적으로 간행되는 정기간행물이다. 잡지는 일반적인 생활 및 취미 관련 잡지에서부터 컴퓨터, 자동차, 법, 건강 등 각종 전문지까지 매우 다양하여 각 잡지마다 독자가 세분화되어 있고 독자의 관여도나 열독도가 높다.

2) 전자매체 및 인터넷

라디오	불특정 다수를 향해 다량의 메시지를 전달하는 특징이 있다. 동시확산성, 신속성, 간편성이 장점이며, 전파를 타고 전달됨으로 인해 장소의 제약이 없고 저비용으로 가능하다.
텔레비전 TV	실감있고 설득력 있는 홍보메시지를 전달하는 최적의 매체이다. 특히, 최근 HD, UHD 등 고화질로 시청이 가능하여 더 현장감있고 효과적으로 시·청각 정보를 전달할 수 있다.
인터넷 홈페이지	자사의 인터넷 홈페이지를 통해 홍보메시지를 전달한다. 지속적이고 즉각적인 홍보가 가능하며 적은 비용으로 운용이 가능하다. 또 팝업창, 배너, 플래쉬 등 다양한 형태로 활용이 가능하다.
이메일	이메일 마케팅은 최근 가장 많이 활용하는 프로모션 수단으로 활용되고 있다. 적은 홍보비용으로 신속한 홍보가 가능하고 기존 고객이나 특정 잠재고객까지 상대할 수 있는 장점이 있다.
모바일	핸드폰이나 태블릿PC에서 어플리케이션, 모바일홈페이지를 통해 홍보메시지를 전달한다. 인터넷홈페이지와 유사한 장점이 있으며, 스마트폰이 대중화되면서 가장 각광받는 형태의 매체이다.

3) 옥외광고매체

야외광고	가장 전통적인 광고형태로써 건축물의 외부에 부착하는 간판, 게시판 등과 건축물 옥상, 공항이나 고속도로 등 도로 주변에 전시하는 옥외광고판 등이 있다. 다양한 메시지의 전달이 가능하나 수용자에 대한 측정이 어려우며, 단순한 형태로 광고를 하는 것이 효과적이다.
교통광고	버스, 지하철, 택시 등 대중교통수단을 이용하는 광고물과 교통시설을 이용하는 광고물이다. 비교적 저렴한 비용으로 장기간 노출이 가능하며 지역을 선별할 수 있는 장점이 있으나 광고물의 훼손 우려와 광고상품의 인식 저하가 문제시될 수 있다.

PART 8
화훼장식 배송 유통관리

화훼장식기능사 필기편

chapter 01
화훼장식 배송 유통관리
1. 유통의 역할과 기능
2. 화훼의 유통단계
3. 수확
4. 화훼의 유통경로

chapter 02
도매시장의 기능

chapter 03
품질의 기준 및 평가
1. 품질 평가와 등급

Chapter 01

화훼장식 배송 유통관리

1 유통의 역할과 기능

- 유통은 생산과 소비 사이에 발생하는 사회적인 간격과 생산지와 소비지 사이의 장소적 차이, 생산시기와 소비시기의 시간적인 불일치를 해소시켜 주고, 생산자와 소비자를 모두 만족시킬 수 있는 매개체 역할을 수행한다.
- 유통 기구는 생산자와 소비자 사이에서 거래가 원활이 이루어질 수 있도록 생산과 소비의 시간과 장소의 격차를 해소시켜 주고, 정보의 차이를 극복시켜 주며, 소유권의 이전과 관련된 기능을 수행하는 등 다양한 기능을 수행한다.
- 유통 기구의 가장 근본적인 기능은 다수의 생산자와 소비자 사이의 거래를 중개함으로써 비용을 줄여 주는 것이며, 특정시기에 집중되어 있는 생산을 지속적인 수요에 대비해 수급을 조절하는 기능이 유통의 중요한 기능이다.

2 화훼류의 유통단계

- 외국 생산자 : 미국으로 절화를 가장 많이 운송하는 나라는 콜롬비아로 주로 장미, 카네이션, 스프레이국화, 안개초, 알스트로메리아 등으로 거의 마이애미, 플로리다의 꽃도매상 혹은 다른 중개인에게 전달하는 중개인에게로 간다. 두 번째로 수출하는 네덜란드는 주로 튤립, 거베라, 프리지어, 장미, 카네이션, 국화, 백합, 아이리스, 난, 알스트로메리아를 취급하며 운송과정은 거의 항공 편으로 이루어지고 있다.
- 국내 생산자 : 생산지의 규모, 생산하는 작물의 양, 생산자의 선호도 등에 따라서 보통 식

물은 비닐하우스에서 직접 도매상에 위탁판매하고 있지만, 규모가 작고 계절을 타는 생산자의 경우에는 꽃을 소매상이나 최종 소비자에게 직접 판매하는 경우도 있다.

3 수확

- 절화의 수확은 일반적으로 비닐하우스, 원예 건물, 야외에서 가위나 날카로운 칼을 사용해서 이른아침에 거둔 후 그날 분배하는 작업까지 마치게 된다.
- 탄수화물이 더 많이 함유되어 있는 늦은 오후의 꽃을 수확하면 에너지가 더 많이 저장되어 있기 때문에 수명도 더 길어지지만 생산자들은 이른 아침에 꽃을 거두어 충분한 시간에 적절히 손질해서 신선한 상태로 도매상이나 기타 분배 장소로 옮긴다.
- 난 등의 특수한 꽃을 제외하고는 대부분의 꽃을 다발로 묶는다. 대부분의 종류가 꽃머리를 보호하기 위해 따로 떨어뜨려놓으며, 엉키지 않고, 생산자나 운송자가 꽃을 구분할 수 있도록 슬리브처리하여 꽃에 등급을 매기고 다발로 묶을 때는 야외나 비닐하우스 상관없이, 여러 가지 방법으로 화학약품 처리하거나 저장고에 넣어 둔다.
- 수송이나 저장 전에 단시간 동안 절화의 수명을 최대로 연장시키기 위하여 펄싱처리한다. 주요 성분인 당분이 꽃에 따라서 2~20%까지 포함되며, 꽃의 종류에 따라 처리시간이 10초에서 몇 시간 또는 24시간 정도 처리한다. 어떤 꽃들은 STS를 같이 넣어서 에틸렌의 유해한 영향을 줄이기도 한다.
- 작물과 생산자, 운반하는 거리·비용·포장방법 기타 요소들에 따라서 포장하는데 쓰이는 재료들도 다양하다. 꽃을 운송할 때에 사용하는 절화를 담는 상자는 대부분 길고 납작해서 꽃의 깊이를 제한하게 되어 꽃이 서로 눌리는 것을 막아 주며, 꽃머리는 보통 양 끝에 서로 엇물리게 놓아서 공간을 효과적으로 활용한다.
- 꽃이 든 상자 안의 공기를 운송하기 전에 미리 온도를 낮추어 예냉 해 주면 꽃의 성장단계를 잠시 멈추게 하며 운반 도중 꽃의 노쇠를 막을 수 있다. 모든 식물은 에틸렌가스를 방출하기 때문에 꽃을 상자 안에 오랜 시간 서로 **빽빽한** 상태로 두면 에틸렌이 생성되기 마련이다.
- 국내 절화의 운송은 대부분 트럭으로 이루어지며 수입 절화는 항공으로 운송된다. 꽃을 운반하는 속도와 조건이 그들의 품질과 수명에 상당한 영향을 끼친다. 가능한 한 빠르게

꽃이 각 유통과정을 거쳐서 최종 소비자에게까지 도달하도록 하여 꽃을 감상할 시간을 연장해 주는 것이 중요하다.

4 화훼의 유통경로

유통기능을 수행하는 개인이나 조직을 유통경로라 하며 대표적인 유통경로의 구성원으로 생산자·도매상·소매상이 있다.

유사도매시장	- 서울을 비롯하여 부산, 울산 등 주로 대도시에 분포되어있는 대표적인 유사도매시장으로는 절화중심의 경부선꽃도매상가, 호남선꽃도매상가, 남대문꽃도매상가 등과 분화류 중심인 하남화훼도매상가, 남서울화훼집하장 등이 있다. - 도매기능을 주로하고 있으며 위탁거래방식을 취하고 있다. 장미와 국화 등이 주요 거래 품목으로 일반 공영시장에 비해 절화류 취급품목이 다양하며 구색 갖추기에 공영시장보다 유리하다. 수수료는 약 15% 정도로 판매 후 농가에 대금 결제한다.
산지 직판장, 공판장	- 농협 및 전문조합 등 생산조직이 운영하는 산지 직판장 등은 엄밀한 의미에서 산지시장이지만 재래시장이 없는 지역에서는 도매시장으로서의 기능을 수행하고 있다. - 전문조합이 운영하는 공판장의 거래방법은 경매방식을 채택하고 있으나 아직까지 전자식 경매는 이루어지지 않고 있다. - 판매 수수료는 5~10% 정도이다.
공영도매시장	- 우리나라 법정도매시장의 하나인 서울 양재동 화훼공판장은 운영주체가 농수산물유통공사로 절화류 경매를 필두로 난류, 관엽류를 경매를 하고 있다. - 화훼공판장의 경매시세를 인터넷, ARS, FAX 시스템등과 농업관련신문, 화훼관련잡지등을 통하여 실시간 제공하고 있어 공정한 유통거래질서 확립을 선도하고 있다.

Chapter 02
도매시장의 기능

- 제품에 대한 광고와 정보를 제공해 주고 판매를 권장하는 활동을 수행하며, 잠재고객을 개발하고 접촉하여 정보를 전달하고 제품을 제시하는 판매촉진기능을 수행한다.
- 생산자를 대신하여 소비자 가격 등 거래조건을 협상하고 최종거래를 실행하는 상적 유통기능을 수행하며, 최종소비자에게 소유권이 이전되도록 해 준다.
- 농산물의 집하·분산·저장 및 보관·운송·하역·포장 등을 수행하며, 소비자가 필요한 시점에 항상 구입할 수 있도록 재고관리를 하는 물적 유통기능과 함께 수급조절을 가지고 있다.

1) 경매

- 집중적인 도매 편의시설에서 생산자의 화훼상품을 중개상·도매상·소매상의 입찰에 의해 값이 매겨져 판매되는 시스템이다. 경매장에서는 화훼상품들을 검사한 후, 그 품질에 따라 등급을 매겨 판매하기 때문에 기본적인 품질이 보장된다.
- 1912년 네덜란드 알스미어 시장에서 처음 화훼경매가 시작되었고, 우리나라에서는 1990년대에 농산물유통공사가 주관하는 양재동화훼공판장이 개설되어 운영되고 있으며 자동경매를 행하고 있다. 최근 경매시스템은 인터넷을 이용한 주문으로 바뀌고 있다.

2) 중개인

구입자와 판매자 간의 기능을 조절하는 시장 주축의 역할을 하는 중개인은 여러생산자들 혹은 한 생산자를 대표하여 많은 양의 화훼를 구입해서 도매상이나 다른 중개인에게 판매한다.

3) 도매상

도매업은 최종 소비자 이외의 구매자에게 상품 및 서비스를 판매하는 유통업으로 생산자와 중개인, 혹은 운송업자, 그리고 소매상 간의 연결고리 역할을 하며, 여러 지역에서 상품을 수집하거나 생산자와 중개인에게서 다량의 꽃을 직접 구입하여 작은 규모로 정리하여 소매상에 유통시킨다.

4) 소매상

생산자나 도매상으로부터 구입한 상품을 소비자에게 판매하는 업무를 주로 하는 단계로 여러 도매상에서 꽃을 공급받아야 다양한 품목을 구비할 수 있다.

5) 소비자

최종 소비자는 유통 단계에서 꽃을 받는 마지막 단계로 소매상은 소비자에게 꽃을 판매할 때 보존용액도 함께 포함시키고 관리에 관한 설명서를 첨부하여 소비자에게 절화수명을 연장하는 방법이나 분식물의 관리방법을 알려 주어야 한다.

기출문제

★1. 소매상(화원)에서의 절화 취급 요령으로 가장 거리가 먼 것은?

① 구입한 절화는 구입 즉시 재절단한다.
② 구입 즉시 신선한 수돗물을 받아 절화를 꽂은 후 실온에 보관한다.
③ 보존제를 처리할 때는 어떤 전처리제를 사용했는지 확인한다.
④ 절화는 저온 저장고에 보관한다.

| 해설 |
구입 즉시 신선한 수돗물을 받아 절화를 꽂아 놓은 후 냉장고에 보관해야 한다.

answer 1. ②

Chapter 03
품질의 기준 및 평가

 절화의 품질 기준과 평가는 시장이나 사회적인 여건에 따라 상당히 주관적이며 다양하다. 화훼류의 품질은 생산자와 소비자가 다 수긍할 수 있는 객관적인 기준에 의해서 평가되어야 하며 그 중 화훼의 형태, 신선도, 수명은 품질 기준의 가장 중요한 요소이다.

절화의 품질기준	- 절화의 품질기준은 눈으로 판단할 수 있는 외적 품질과 눈으로 판단할 수 없는 내적 품질에 의해 결정된다. - 외적 품질은 꽃의 모양, 화색, 신선도, 개화정도, 꽃잎 수, 향기, 병충해, 상처, 오염 등으로 세분화하여 품질을 판단할 수 있다. - 내적 품질은 외적 품질이 우수하다 할지라도 절화 수명이 짧으면 상품으로서의 가치가 떨어지게 된다.
분화의 품질기준	- 외적 품질은 지체부의 지름, 꽃눈의 수 혹은 식물체의 높이와 꽃의 수, 화분의 크기에 따라 결정되며, 잎과 꽃의 형태와 색깔, 잎과 꽃의 상해 및 꽃의 노화증상 등을 포함한 전체적인 외형으로 평가된다. - 내적 품질은 재배방법에 따라 내음성과 내한성이 있으며 차광 아래에서 재배한 것은 실내 환경에 순응하기 쉽고, 출하 전 여러주간 저온에서 재배한 것은 내한성이 강하다. - 단근하여 화분에 옮긴 것은 꽃의 수명이 짧고 관엽식물의 경우 노화가 빠르다. - 화분 토양에 비료가 전혀 없고 토양을 적게 넣은 분화류는 키울 때 생육이 불량하다. - 국제무역에서 분식물에 대해서는 의무적인 표준이 없다.

1 품질 평가와 등급

① 절화의 품질평가 요소

 우리나라에서도 농산물유통공사에서 주요 절화의 표준규격과 등급을 만들어 시행하고 있다. 이러한 체계는 상품의 균등을 보장하며, 생산자는 그들 상품의 질에 적합한 등급 평가에 따라 적당한 가격을 받을 수 있다.

> 코노바는 1986년 절화의 품질평가 방법을 100점을 기준으로 평가하여 상태25점의 신선도와 외양 15점과 기계적인 상처나 병충해가 없는 것10점, 형태30점에서는 좋은 상태를 가진 것10점, 개화 형태5점, 시든 것이나 잔류물이 없고 균일한 것5점, 꽃잎줄기 등의 균형10점으로, 화색25점은 꽃의 색깔이 선명하고 깨끗한 것10점, 꽃의 색깔이 균일하고 조화로운 것5점, 농약의 잔류물이 없는 것5점으로 하였고, 경엽20점은 식물의 줄기가 강하여 스스로 지탱하는 것10점, 잎의 색5점, 농약의 잔류물이 없는 것5점으로 하고 있다.

② 절화의 품위기준

우리나라에서도 경매제도를 도입하면서 농산물유통공사에서 절화류에 대한 정부표준 출하규격이 1993년에 고시되었다.

㉠ 절화의 규격은 절화의 등급규격과 포장규격을 의미하는 것으로, 등급규격에는 절화 품종고유의 특성, 초세, 전체 조화, 병충해, 농약 살포흔적 등의 선별기준으로 품질을 평가하여 특, 상, 보통으로 구분하는 품위기준과 초장에 의한 크기 선별등급기준이 1~4등급으로 나누어져 있으며, 포장상자 규격을 상자의 크기, 형태, 재질에 따른 포장규격과 품명, 품위등급, 수량, 산지 및 생산자명을 표시하는 표시기준을 뜻한다.

㉡ 절화의 등급규격으로 품종 고유의 특성을 특은 색, 모양 등 품종고유의 특성을 뛰어나게 갖춘 것, 상은 색, 모양 등 품종 고유의 특성을 양호하게 갖춘 것, 보통은 특, 상에 미달되는 보통의 것으로, 초세로는 특이 줄기가 굵고 구부러짐이나 손상이 없는 것, 상은 줄기가 굵고 구부러짐이나 손상이 거의 없는 것, 보통은 특, 상에 미달되는 보통의 것, 전체조화로는 특이 꽃, 잎, 줄기의 균형이 완전한 것, 상은 꽃, 잎, 줄기의 균형이 잘 잡힌 것, 보통은 특, 상에 미달되는 보통의 것, 병충해는 특이 없는 것, 상이 거의 없는 것, 보통은 약간 있는 것, 농약살포 흔적에서는 특은 없는 것, 상은 거의 없는 것, 보통은 약간 있는 것. 그 밖에 특으로 적기에 채화한 것으로 약해 및 일소 피해가 없는 것, 상으로 적기에 채화한 것으로 약해 및 일소 피해가 거의 없는 것, 보통은 적기에 채화한 것으로 약해 및 일소 피해가 약간 있는 것을 기준으로 하고 있다.

ⓒ 절화류 주요 등급 산정 기준

농산물 표준 규격 농관원 고시 제2015-62호 에 따라 절화류는 여러 기준을 종합적으로 평가하여 등급이 정해진다. 등급 판정에서 고려되는 요소는 초장, 초세, 전체적인 조화, 품종 특성, 병충해 흔적 등이 있으며, 이 순서가 등급 결정의 우선순위가 된다.

1. 초장

    꽃이 피기 전 단계의 상태를 의미하며, 꽃잎이 건강하고 흠집이 없는지가 중요하다. 아직 꽃잎이 활짝 펼쳐지지 않고 모서리가 감춰진 상태에서 표면의 질감, 색상, 신선도를 평가한다.

2. 초세

    초장은 개화 전 상태라면, 초세는 개화가 시작되는 초기 단계를 뜻한다. 이 시기에는 꽃잎의 모양과 균형, 생육의 강건함이 평가 요소가 된다.

3. 전체 조화

    절화는 상품성이 중요한 만큼 전체적인 미적 조화를 본다. 색상이 뚜렷하고, 화형이 풍성하며, 전체적으로 균형 잡힌 인상을 줄수록 높은 평가를 받는다.

4. 품종 특성

    각 품종이 가지고 있는 고유한 특성이 잘 드러나는지도 중요한 기준이다. 꽃의 크기, 색, 모양, 꽃잎 배열이 품종 특성과 부합할수록 높은 등급으로 판정된다.

5. 병충해 흔적

    꽃 표면에 병충해 흔적이나 손상이 발견되면 등급이 떨어진다. 반점, 변색, 상처, 해충 피해 등은 상품성에 직접적인 영향을 미치기 때문에 철저히 확인한다.

ⓔ 절화류 등급 산정에 포함되는 요소

절화류의 등급은 기본적인 기준 외에도 다양한 세부 요소가 함께 평가된다. 꽃의 형태, 색상, 품종의 특성, 줄기와 잎의 상태 등이 모두 종합적으로 고려되어 상품성이 판정된다.

1. 꽃의 형태

    꽃은 홑꽃이나 겹꽃 여부, 크기와 꽃잎의 배열이 정상적으로 이루어져야 하며, 기형이나 손상이 없어야 한다.

2. 꽃의 색

색상은 선명하고 청결해야 하며, 전체적인 조화감이 좋은 것이 높은 평가를 받는다.

3. 품종 특성 및 개화 상태

품종이 가진 고유 특성이 뚜렷하게 나타나야 하며, 향기와 개화 정도가 균일해야 한다. 병충해 흔적이 없어야 하는 것도 중요한 기준이다.

4. 줄기의 강도와 굵기, 길이

줄기는 강건해야 하고, 굵기와 길이가 규격에 맞아야 한다. 잘 부러지지 않고 튼튼해야 한다.

5. 줄기의 직립성

용도에 맞게 곧게 자라야 하며, 일부 장식용 품종은 자연스러운 휘어짐이 장점이 될 수도 있다.

6. 잎의 상태

잎은 건강한 녹색을 유지해야 하며, 영양 결핍으로 인한 황화 현상이나 위조, 물리적 상처가 없어야 한다. 또한 청결하게 관리된 상태여야 한다.

③ 분화의 품질평가 요소

꽃이 피는 분화의 경우는 지체부의 지름, 꽃눈의 수, 또는 식물체의 초장과 꽃의 수, 잎과 꽃의 색깔, 잎과 꽃의 상해 및 꽃의 노화증상 등을 기초로 한 외관으로 평가된다. 관엽식물은 상태가 최고 30점까지이고, 형태와 줄기와 잎 등이 각각 25점씩으로 평가되며, 색깔은 제외된다.

> 코노비는 1986년 분화의 품질평가 방법을 절화에서 이용된 것과 같이 100점을 기준으로 평가하며, 관화식물과 관엽식물을 구분하여, 관화식물은 상태 20점, 재배 20점, 형태 20점, 색깔 20점, 경엽 20점으로 평가하고, 관엽식물은 꽃의 색깔이 평가되지 않는 반면, 상태 30점, 재배 20점, 형태 25점, 경엽 25점으로 평가하고 있다. 관엽식물의 상태는 외관이 신선하고 노화증상이 없는 것 10점, 경엽에 기계적인 상해나 병충해가 없는 것 10점, 식물체가 용기에서 잘 생육된 것 10점이다. 재배는 분화와 같고 20점, 형태는 식물체가 용기에 어울리게 생육하고, 좋은 형태를 가진 것 15점, 경엽이 균일한 것 10점, 줄기가 강하고 잎은 적당히 공간을 매운 것 15점, 시든 것이나 잔유물이 없는 것 10점이다.

④ 분화류 품질 평가 방법

　1. 개화 식물 상태 20점
　　　– 식물의 외관이 신선하고 충실하며, 노화 증상이 없어야 한다. 10점
　　　– 꽃과 줄기에 기계적 상처나 병해충 피해가 없어야 한다. 10점

　2. 재배 상태 20점
　　　– 꽃의 크기와 수가 품종 특성에 알맞아야 하며, 생육 상태가 양호해야 한다. 20점

　3. 형태 20점
　　　– 분화체가 용기와 잘 어울리며, 크기와 비율이 적절해야 한다. 10점
　　　– 전체적으로 균형 잡힌 좋은 형태를 유지해야 한다. 10점

　4. 색상 20점
　　　– 꽃의 색이 선명하고 깨끗해야 한다. 10점
　　　– 시든 흔적이나 불순물이 없어야 한다. 10점

　5. 줄기와 잎 20점
　　　– 줄기는 튼튼하여 스스로 지탱할 수 있어야 한다.(단, 일반적으로 지주가 필요한 식물은 예외로 한다.) 10점
　　　– 잎은 신선한 녹색을 유지하며, 시듦이나 잔류물이 없어야 한다. 10점

화훼장식기능사 실기작업 전 점수 팩트 체크

1과제 _ 핸드타이드

시행 중 채점에 유의하여 도구 사용, 꽃의 특성 파악 등 수험자로서의 기본적인 태도가 중요합니다.

- 바인딩포인트의 견고성
- 줄기 끝 사선처리 각도
- 사용된 소재 양(제시된 전체소재의 70% 사용량)
- 꽃의 배치 및 색상
- 나선형줄기 방향
- 꽃의 신선도
- 주어진 과제의 형태 적합도

1과제 _ 코사지

- 코사지는 반드시 요구사항에 맞게 제작
- 올바른 와이어링 기법과 테이핑
- T핀 사용 및 고정
- 리본마무처리

화훼장식기능사 실기편

chapter 01
반구형

chapter 02
원추형

chapter 03
코사지

1과제 _ 구조물 핸드타이드
01 반구형

고대 때부터 사용되어 온 형태로 자연스럽게 꽃들을 묶어 둥근 형태로 만들어 사용하였다. 본래 철사 등을 사용하는 테크닉이 개발되기 전에는 대부분의 꽃다발은 줄기를 그대로 사용하는 구성으로 사용되었으며, 현재까지도 다양한 용도로 사용되고 있다.
반구형꽃다발은 형태가 매우 중요하다. 외곽선이 둥글게 연결되어야 정확한 형태를 제작할 수 있다.

형태 및 특징
- 둥근형태의 구조물과 꽃들이 조합되어 전체가 원형을 이루는 꽃다발이다.
- 구조물의 역할이 매우 중요하며, 구조물의 형태에 따라 꽃들의 배치와 종류를 다르게 선택해야 한다.
- 전체의 형태외곽선는 라운드의 형태를 가지고, 꽃들이 구조물을 완전히 덮는 형태가 되어서는 안 된다.
- 대부분의 꽃들은 구조물 안에서 머물거나 구조물과 조화를 이룰 수 있도록 배치되게 한다.

제작 포인트

❶ 구조물을 제작할 때는 두꺼운 줄기는 안쪽이나 아랫부분에 사용하고 가늘고 부드러운 줄기는 가장자리나 위로 사용하는 것이 더욱 섬세하고 아름다워 보인다.

❷ 구조물은 매우 단단하고 구조물에 사용된 말채나 곱슬버들이 잘 고정된 상태여야 한다.

❸ 구조물과 함께 사용되는 꽃들은 서로 잘 조화를 이루어야 한다.

❹ 바인딩 포인트는 구조물의 바로 아래에 위치한다. 지나치게 구조물과 바인딩 포인트가 멀리 떨어져 있는 것은 좋지 않다.

❺ 줄기는 깨끗하게 손질하고, 꽃잎에 상처가 나거나 시든 잎은 반드시 제거한다.

제작 순서

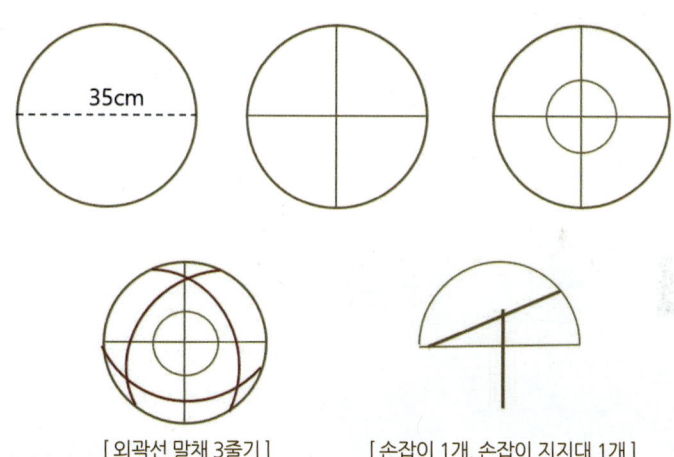

[외곽선 말채 3줄기]   [손잡이 1개, 손잡이 지지대 1개]

❶ 소재를 마사지하여 구조물을 제작한다.
　*구조물의 크기 – 시험과제에서 제시된 35cm 이상의 구조물 밑판을 제작한다. 단, 전체크기가 35cm 이상이므로 구조물의 크기를 35cm로 제작하라는 뜻이 아니다. 꽃의 얼굴 외곽길이를 포함한 전체외곽의 크기가 35cm 이상이므로 구조물은 조금 작게 제작해도 괜찮다.

❷ 구조물 안에 스파이럴 기법으로 꽃을 추가한다.
　중심축형성 : 장미, 거베라 등 덩어리소재로 악센트

【 다른 방법의 구조물 제작샘플 】

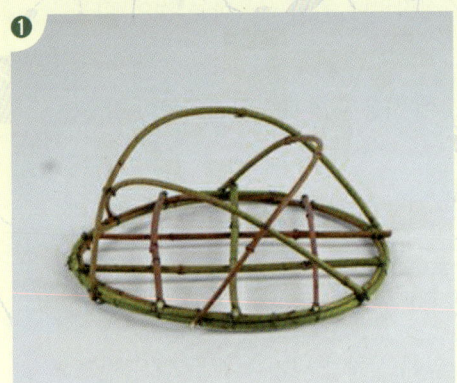

❶

❷

❸

제작 순서

❸ 중심축을 형성한 후 그린소재루스커스 또는 레몬잎로 기본 밑받침으로 공간을 구성한다.

❹ 전체틀에서 절반이상 꽃을 넣었다면 외곽선을 고려하여 꽃의 줄기 각도를 40도, 60도, 75도 각도 순서로 스파이럴 처리하며 외곽선을 형성한다.

❺ 마끈을 이용하여 바인딩 포인트를 단단하게 묶어 준다.

❻ 다발의 비율에 맞게 줄기를 사선으로 잘라 준다.

반구형 응용편

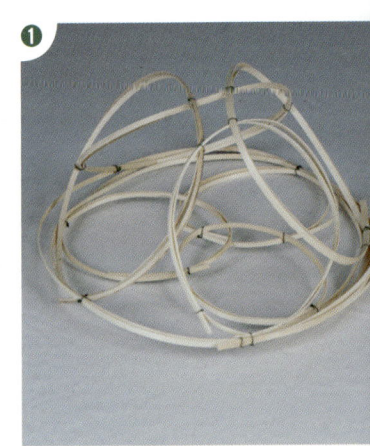

❶

반구형

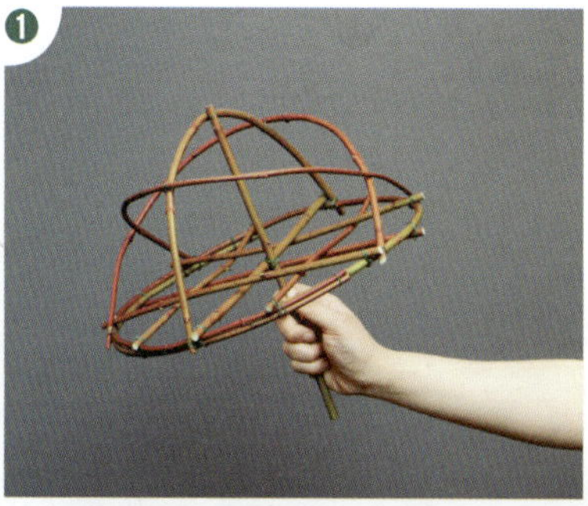

01. 반구형

1과제 _ 구조물 핸드타이드
02 원추형

원추형 구조물 꽃다발은 수직높이이 강조된 디자인으로 꽃꽂이에서 볼 수 있는 원추형을 꽃다발로 표현한 것이다. 수직으로 상승하는 운동성을 가지고 있으며, 높이와 대칭성을 강조한 스타일이다.

🌸 형태 및 특징

- 원형 꽃다발을 중심으로 높게 상승된 형태로 볼 수 있다. 원지름과 높이의 비율은 1:3 내외의 비율로 제작하는 것이 좋으나, 소재의 종류, 운동성 등의 특성에 따라 1:4의 비율로 제작하기도 한다. 구조물을 사용하여 제작하는 원추형과 구조물 없이 꽃으로만 구성하는 원추형이 있다.
- 원추형의 외곽선을 심하게 벗어나지 않는 선에서 꽃을 배치한다.
- 수직축의 끝은 상승하는 운동성을 유지하는 것이 좋으므로 둔탁하거나 잘라진 형태가 되지 않도록 형태를 구성한다.
- 수직의 높이가 지나치게 낮을 경우 원추형을 특징을 표현하기 어렵다.

제작 포인트

❶ 구조물의 형태와 꽃이 형태적으로 이질적이지 않도록 구성하여야 자연스럽다.

❷ 꽃들을 구조물 내부에 넣어서 구성하기 때문에 지나치게 크기가 크거나 펼치는 형태의 꽃은 피하는 것이 좋다.

❸ 줄기는 깨끗하게 손질, 상처가 나거나 떡잎은 반드시 제거한다.

제작 순서

❶ 말채를 마사지하여 구조물의 밑판과 원추형의 기둥틀을 만들어준다.
  * 구조물의 크기 – 밑판 라운드 : 지름 20cm 1개 / 작은 라운드 1개
    – 밑판 + 모양 1개
    – 기둥(끝이 뾰족한 줄기) : 60~63cm 4개 / 토핑 : 2~3개 정도
    – 손잡이&지지대 (굵은 줄기) : 2개

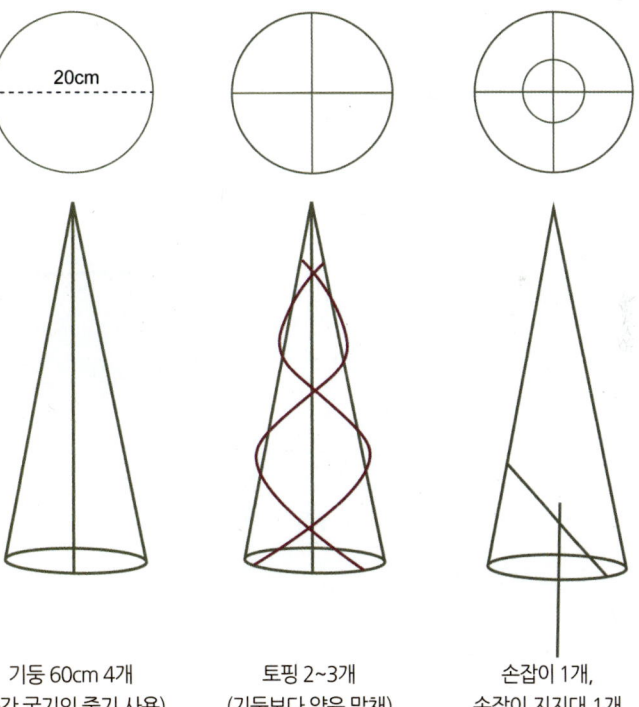

기둥 60cm 4개
(중간 굵기의 줄기 사용)

토핑 2~3개
(기둥보다 얇은 말채)

손잡이 1개,
손잡이 지지대 1개

❷ 꽃은 끝이 뾰족한 형태나 꽃이나 둥근형태의 꽃중에서 봉우리 형태의 꽃으로 중심축을 형성한다. 예 장미, 루스커스

제작 순서

❸ 수직이 강조가 되는 디자인으로 꽃은 구조물의 3분의 2지점에서 시작하며 360° 돌려 가며 중심축을 형성해 준다.

❹ 원추형 꽃다발에서 구조물틀의 중간지점, 즉 2분의 1지점에서 많은 양의 꽃을 배치하면 원추형이 둔탁해질 수 있으므로 틀 안으로 꽃을 잘 배치해야 한다.

❺ 전체적으로 빈공간이 없도록 사이사이 리시안셔스 또는 필러플라워 소재로 마무리한다.

❻ 마끈을 이용하여 바인딩 포인트를 단단하게 묶어 준다.

❼ 다발의 비율에 맞게 줄기를 사선으로 잘라 준다.

원추형

원추형 응용편

02. 원추형

03 코사지
1과제 _ 구조물 핸드타이드

🌸 시험 요구사항

- 지급 재료를 활용하여 코사지가슴부착용를 제작하시오.
- 코사지의 형태는 자유롭게 제작하시오. 단, 절화 3송이를 사용하시오
- 구조물은 제작하지 않고, 와이어링 기법만을 사용하여 제작하시오.
- 탈부착이 가능하도록 하시오.
- 지참재료 중 리본을 활용하여 보우를 자유롭게 제작하시오.
- 절화의 수명은 6시간 이상 유지되도록 하시오.

제작 포인트

❶ 소재의 특성에 맞는 와이어링 기법을 사용해야 한다.

❷ 장미 : 피어싱 / 리시안셔스 – 트위스팅 / 루스커스 – 트위스팅 또는 헤어핀

❸ 바인딩 포인트를 정확하게 맞춰서 제작하도록 한다.

❹ 코사지의 형태는 자유이나 삼각구도를 이루며 꽃을 배치시키면 훨씬 자연스럽다.

제작 순서

❶ 절화3송이와 루스커스를 준비한다.
> **TIP** 코사지의 경우 점수배점이 크기 때문에 장미 1송이를 사용하는 것이 효과적이다.

❷ 표정이 예쁜 장미를 2cm~3cm의 줄기만 남기고 짧게 줄기를 컷팅한 후, 절화 3송이가 삼각구도를 이루도록 루스커스와 함께 잡아준 뒤 가장 짧은 장미줄기 끝에 맞추어 잘라 준다.
> **TIP** 줄기는 모두 사선컷팅 : 와이어링 및 테이핑 처리시 둔탁하지 않고 매끈하게 처리할 수 있다.

❸ 각각의 꽃을 적합한 와이어링 기법으로 와이어링한다.

❸-1 장미 무게에 따라 피어싱 또는 크로싱기법으로 와이어링한다.

❸-2 리시안셔스는 줄기굵기에 따라 피어싱 또는 트위스팅 기법으로 와이어링한다.
> **TIP** 줄기가 얇은 리시안셔스의 경우 와이어링 시 부러질 수 있으므로 피어싱 처리하는 것이 좋다.

제작 순서

❸-3 루스커스잎은 헤어핀 기법으로 3분의 2지점에 와이어링한다.

❹ 와이어링한 꽃들을 하나씩 테이핑한다.

❺ 테이핑한 꽃의 바인딩 포인트를 정확하게 일치시켜 다시 잡고 지철사로 묶어 준다.

> **TIP** TIP. 꽃의 배치는 비대칭삼각의 형태로 높이를 약간 다르게 하여 배치한다. T핀이 지급되기 때문에 라운드 입체로 제작하는 것보다 높낮이가 다른 비대칭 삼각의 형태로 제작하는 것이 효과적이다.

제작 순서

❻ T핀과 함께 지철사로 다시 한 번 묶어 고정시켜 준 뒤, 바인딩 포인트를 기준으로 5:3의 비율에 맞게 와이어를 잘라 전체 테이핑을 해 준다.

> **TIP** T핀 뒤에 작은 홈이 있어 홈 사이에 지철사로 묶으면 절대 빠지지 않으며, 고정력에서 점수를 높일 수 있다.

❼ 오간디리본을 코사지 줄기 끝부분부터 감싸며 올라와 리본으로 마무리한다.

> **TIP** 리본의 경우 헐겁지 않도록 단단하게 감싸주면서 줄기를 마무리 해 준다.

❽ 완성

> **TIP** 완성된 코사지는 리본으로 마무리하여 실제 사용가능한 코사지의 형태를 유지해 준다.

화훼장식기능사 실기작업 전 점수 팩트 체크

시행 중 채점에 유의하여 도구 사용, 꽃의 특성 파악 등 수험자로서의 기본적인 태도가 중요합니다.
- 꽃의 줄기 사선처리
- 플로랄폼 고정 정도
- 주어진 과제의 형태 적합도
- 플로랄폼 마무리(폼가리기)
- 사용된 소재 양(제시된 전체소재의 70% 사용량)
- 꽃의 배치(원리와 요소) 및 색상

화훼장식기능사 실기편

chapter 01
대칭삼각형

chapter 02
수평형

chapter 03
부채형

chapter 04
수직형

chapter 05
L형

chapter 06
반구형

chapter 07
역T형

2과제 _ 서양꽃꽂이

01 대칭삼각형

평면구성(매스구성) _ (대칭), (일방화), (방사형)

삼각형의 화형에는 기하학적인 디자인으로 대칭형과 비대칭형이 있다. 도형의 삼각형처럼 생긴 모양으로 세 개의 끝 점이 정확한 형태를 이루고 있다. 수직의 물리적인 축을 기점으로 양쪽이 같은 형태·모양·색·무게가 배치된다. 그러나 실제의 무게가 아닌 (시각적인 무게)가 중요하게 좌우된다.

🌸 특징

- 줄기는 (방사형)으로 구성된다.
- 대칭삼각형의 수직축은 작품의 중심에 있으며 근엄·안정적이고 장식적인 경우가 대부분이다.

제작 포인트

❶ (꼭지점)이 정확한 삼각형의 형태로 구성하는 것이 좋다.

❷ 폭이 좁으면서 높이가 지나치게 높아지면 수직형, 높이가 지나치게 낮아지면 수평형으로 오인될 수 있으므로 주의한다.

❸ 모든 꽃의 줄기는 하나의 가상의 초점을 향해 꽂는다.

❹ 정삼각형보다 이등변삼각형으로 제작해야 세련된 느낌이 든다. A와 B의 비율은 (1 : 1/2) 이다.

❺ 길고 곧은 줄기를 이용해 외곽선을 수시로 체크하여 소재의 끝이 삼각형에서 벗어나지 않도록 한다.

| •A = 화기높이의 3배 • B,B' = A의 1/2 • C = A의 1/4 • P = 45° |

제작 순서

❶ 장미 또는 루스커스로 수직·수평을 구성하여 전체적인 틀을 잡는다.

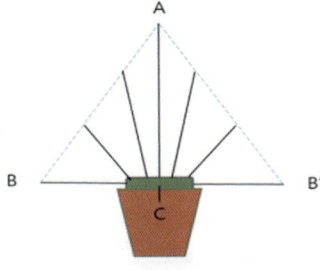 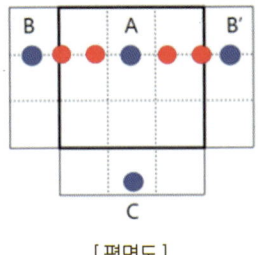

[평면도]

❷ 장미를 이용하여 수직·수평을 구성하고, 가장 크고 아름다운 것을 골라 포컬 포인트에 사용한다.

❸ 연결라인에 장미와 거베라를 추가하여 형태를 만들어준다.

❹ 필러소재 및 그린소재로 빈 공간을 채워 입체감을 살린다.

❺ 플로랄폼이 보이지 않도록 편백으로 마무리한다.

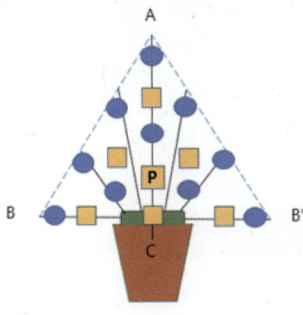 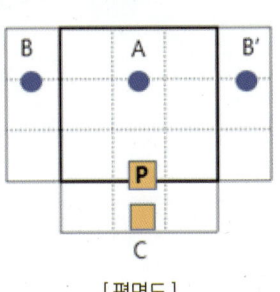

[평면도]

대칭삼각형

02 수평형

2과제 _ 서양꽃꽂이

입체구성 _ (대칭), (사방화), (방사형)

수직형을 눕혀 놓은 것 같은 형태를 가지고 있으며, 좌우로 확장되는 선을 가지고 있다. 운동성이 좌우로 움직이기 때문에 중심부의 꽃은 높지 않게 사용하여야 한다.

수평형은 편안하고 부드러운 이미지를 가지고 있으면서 높이가 낮기 때문에 테이블 센터피스로 많이 사용된다.

특징

- 수직이 매우 짧고 좌우로 길게 연장된 형태이다. 수직이 높아지면 수평의 느낌이 쉽게 사라지게 된다.
- 수직축의 높이와 수평의 길이가 (1 : 4) 내외의 비율로 구성하는 것이 좋다.
  → 그 이하는 반구형처럼 보이기 쉽다.

제작 포인트	❶ 작품의 좌우의 길이를 결정한 후 길이에 적당한 높이로 수직축을 세운다.

❶ 작품의 좌우의 길이를 결정한 후 길이에 적당한 높이로 수직축을 세운다.

❷ 기본 외곽선을 구성한 후 나머지는 빈 공간을 채우듯 꽂고, 포컬 포인트는 (수직축 중심)에 위치하도록 한다.

❸ 전체적으로 자연스러운 곡선이 되도록 외곽선을 구성하고, 양쪽 수평선은 (180°)보다 위로 올라가지 않도록 한다.

• P = 화기의 높이   • A, A' = 화기높이의 1.5배   • B,B' = P (화기의 높이)

 제작 순서

❶ 장미 또는 루스커스로 수평과 폭, 높이 포컬 포인트의 외곽을 구성한다.

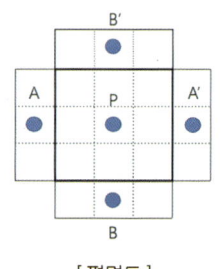

[평면도]

❷ 장미와 거베라를 추가하여 전체적인 형태를 보완하고 윤곽선이 자연스럽게 연결되도록 한다.

❸ 필러 및 그린 소재로 빈 공간을 채워 준다.

❹ 플로랄폼이 보이지 않도록 편백으로 마무리한다.

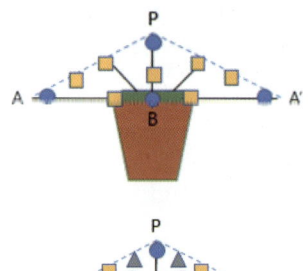

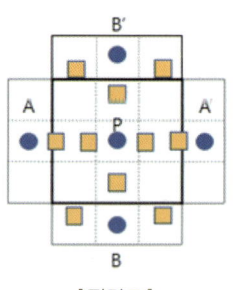

[평면도]

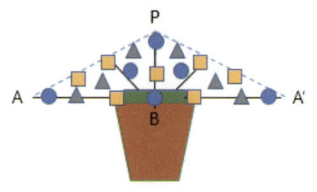

Key Point

- 수평형디자인은 테이블용 장식으로 높이보다는 폭이 강조가 되는 디자인이다.
- 화기와의 비율을 고려하여 좌우대칭 비율을 생각해야 한다.
- 중심포인트와 45° 각도로 시각적포인트가 동시에 존재해야 한다.

03 부채형

2과제 _ 서양꽃꽂이

평면구성(매스구성) _ (대칭), (일방화), (방사형)

부채를 편 모양으로 포컬포인트로부터 방사선으로 구성된다. 선 모양의 외곽을 이루는 소재들 사이의 빈공간이나 음성적인 공간은 방사형 라인을 강조해 주는 역할을 한다.

특징

- 부채형을 제작할 때 수직의 길이를 좌·우로 동일하게 사용하면 매우 둔탁해진다.
- 반원에 가까운 윤곽선을 가지며 꽃·색·형태의 배치는 (좌우대칭)이다.
- (일방형) 디자인으로 앞뒤의 부피가 지나치게 두꺼워지면 안 된다.
- 줄기는 (방사형)으로 배열되며, 수직축에 위치한 모든 선들이 모이는 중심점에 (포컬 포인트)를 배치한다.

제작 포인트

❶ 앞뒤의 밸런스를 위해 첫 번째 선은 뒤쪽으로 (5~10°) 내외로 살짝 눕혀서 꽂아 준다.

❷ 수직과 수평의 비율은 약 (1.4 : 2)로 구성하면 안정적이다.

❸ 전체적인 외곽은 (라인플라워)를 사용하면 쉽게 만들 수 있다.

❹ 플로랄 폼의 시작점은 중심보다 뒤쪽이며, 가장자리가 전체적으로 완만한 곡선이 되도록 구성한다.

•A = 화기높이의 2배 ~ 2.5배   • B, B' = A의 3/4   • C = A의 1/4   • P = 45°

제작 순서

❶ 라인플라워로 폼 뒤쪽에 부채형 외곽과 폭을 구성한다.

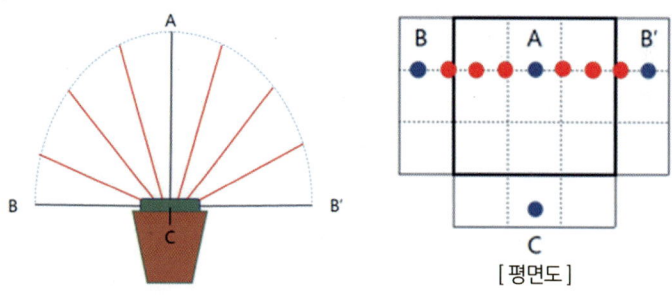

❷ 라인플라워보다 조금 짧은 길이로 컷팅한 장미를 라인플라워 사이사이에 배치한다.

❸ 가장 크고 아름다운 꽃으로 포컬 포인트를 잡는다.

❹ 필러와 그린 소재로 빈 공간을 채우며 입체감을 준다.

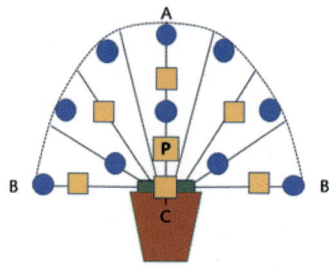
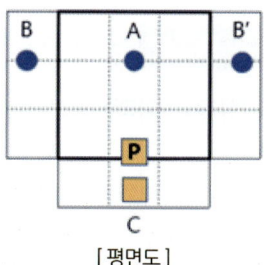

❺ 플로랄폼이 보이지 않도록 편백으로 마무리한다.

부채형

Key Point

- 전체적인 외곽이 곡선으로 표현되어야 한다.
- 대칭형의 경우 꽃의 배치가 분산되도록 최대한 간격을 유지한다.
- 삼각형과 부채형과의 다른점은 외곽라인이 직선과 곡선의 차이이다.

04 수직형

2과제 _ 서양꽃꽂이

직선구성 _
(대칭), (일방화), (방사형)

수직형은 가장 기본적 형태 중 하나로 넓이보다는 (높이)를 강조한 디자인이다.

위로 상승하는 강한 운동감을 보여주며 수직선의 강조를 위해 대부분 화기의 폭에서 크게 벗어나지 않도록 디자인한다.

특징

- 수직축은 화기의 중심에 위치한다.
- 화기의 크기에 맞게 디자인의 높이가 결정되어야 한다.
- 위쪽으로 상승하는 강한 운동감을 가지고 있기 때문에 천장이 높은 장소에 잘 어울린다.

제작 포인트

❶ 작품의 폭은 화기의 양쪽 가장자리 선을 기준으로 하거나, 그보다 약간 크게 사용한다.

❷ 수직선은 소재에 따라 (0~15°)정도 뒤로 눕혀 사용한다.

❸ 수직형은 (일방형)으로 제작하기 때문에 시작점은 플로랄 폼의 뒷부분이 된다.

• A = 화기높이의 3배   • B,B' = A의 1/4   • C = A의 1/4   • P = 45°

제작 순서

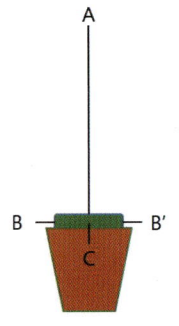
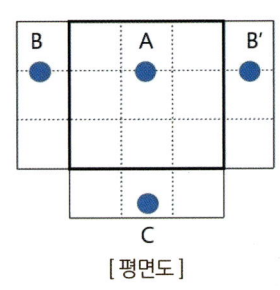
[평면도]

❶ 장미 또는 루스커스로 수직축을 형성해 준다.

❷ 장미와 거베라를 이용하여 수직형태의 외곽을 형성해 주며 가장 크고 아름다운 꽃을 포컬 포인트에 꽂아 준다.

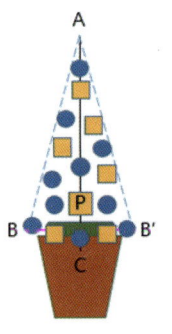
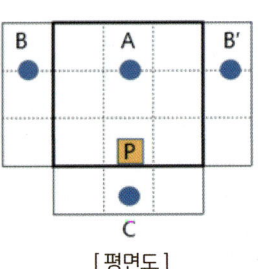
[평면도]

❸ 매스플라워 및 필러 소재를 이용하여 빈 공간을 채워 주고 수직의 형태를 만든다.

❹ 플로랄폼이 보이지 않도록 편백으로 마무리한다.

수직형

04. 수직형

수직형 응용편

❷

❶

❸

❹

2과제 _ 서양꽃꽂이
05 L자형

평면구성(직선구성)_ (비대칭), (일방화), (방사형)

영어의 'L'자와 같은 형태로 좌우 비대칭으로 구성된 스타일이다. 수직형을 기초로 둔 형태로 비율은 (5 : 3)이나 (2 : 1)로 하면 안정된 균형을 유지할 수 있다. 수직과 수평이 교차하는 부분에 볼륨이 생기지 않도록 주의한다.

특징

- 전체적으로 영어의 'L'자 형태로 구성되지만 밸런스를 위해 왼쪽도 약간의 수평선을 만들도록 한다.
- 수직선과 수평선의 끝부분에는 (선적인 소재)를 사용하는 것이 형태를 표현하기에 용이하다.

제작 포인트

❶ 앞면 위주의 디자인이기 때문에 플로랄 폼의 시작점은 (왼쪽 뒷부분)이 된다.

❷ 수직선과 수평선이 만나는 부분은 (자연스럽고 날씬)하게 구성하는 것이 좋다.

❸ 수직선과 수평선이 시각적으로 분리되는 보이는 것은 좋지 않다.

❹ 수평선은 반드시 놓여질 장소의 바닥과 (평행)에 가깝게 구성해야 한다.

• A = 화기의 높이의 2.5배~3배 • B = A의 1/4 B' = A의 1/2~2/3 • C = A의 1/4 • P = 45°

제작 순서

❶ 줄기가 곧은 장미나 루스커스를 수직A라인과 수평B라인을 구성한다.

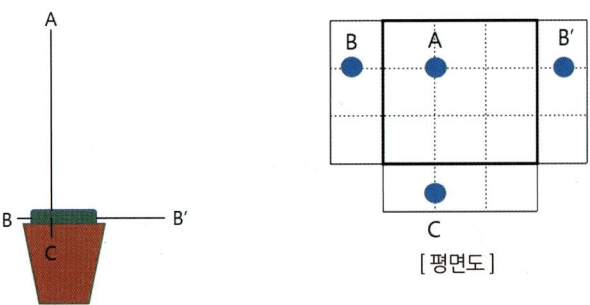

❷ 장미와 거베라를 이용하여 수직, 수평을 구성하고 가장 크고 아름다운 꽃을 포컬 포인트에 꽂아 준다.

❸ 수직과 수평이 연결되는 부분의 45° 지점에 장미 또는 거베라를 짧게 꽂아 연결 부분을 만들어 준다.

❹ 필러 소재를 이용하여 빈 공간을 채워 주고 L자의 형태를 만든다.

❺ 플로랄폼이 보이지 않도록 편백으로 마무리한다.

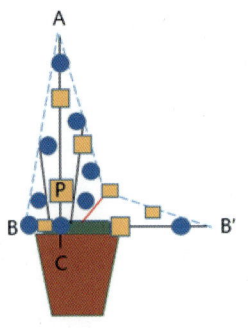
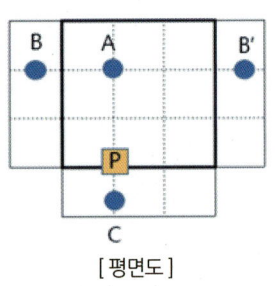

[평면도]

L자형

Key Point

- L자형꽃꽂이는 비대칭의 형태로 중심축이 살짝 좌측으로 빗겨 설정한다.
- A라인과 B라인 사이의 연결부분은 짧게 꽂아 선의 흐름을 방해하지 않는다.
- 비대칭 형태에서는 시각적 무게중심이 중요하다.

06 반구형

2과제 _ 서양꽃꽂이

입체구성_ (대칭), (사방화), (방사형)

반구형은 반원의 구형으로 둥근 원을 반으로 나눈 형이다. 형태적으로는 반구형이므로 높이와 반경의 길이가 같아야 하나 시각적으로는 수직축을 반경보다 약간 길게 하는 쪽이 입체적으로 보일 수 있다. 실용적인 형으로 어떤 장소에나 부담 없이 이용할 수 있는 형이다.

특징

- 사방형의 원형 중심은 화기의 (중앙)에 위치한다.
- 중심의 초점으로 모든 줄기가 향하는 (방사형)으로 제작되어 한 점에서 사방으로 뻗어나가는 운동성을 가진다.
- 전체적으로 튀어나오거나 꺼진 곳 없이 자연스러운 외곽선을 가진다.

제작 포인트

❶ 전체적으로 자연스러운 둥근 형태가 유지되도록 해야 한다.

❷ 모든 줄기는 (중심점)을 향하도록 꽂아야 한다.

❸ 사방 어느 곳에서 보아도 같은 원형의 형태가 유지되어야 한다.

❹ 단시간에 개화하는 꽃을 사용할 경우 꽃이 핀 후에 차지할 공간도 고려해야 한다.

❺ (크고 무거운) 꽃은 안쪽으로 짧게, (가볍고 작은)꽃은 바깥 쪽으로 길게 꽂아 주는 것이 안정적이다.

- P = 화기의 높이   · A, A' = 화기의 높이   · B, B' = 화기의 높이

제작 순서

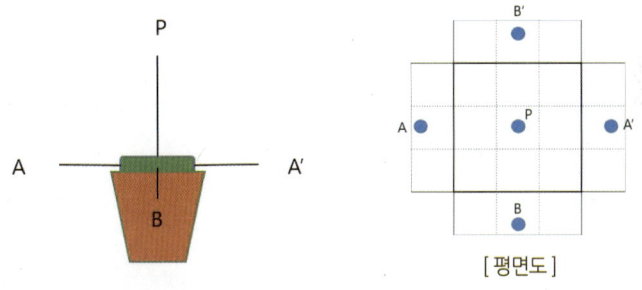

❶ 장미 또는 루스커스로 반구형태의 윤곽선을 만들어 준다.

❷ 거베라 또는 장미로 포컬포인트를 형성하여 중심이 꽂아 준다.

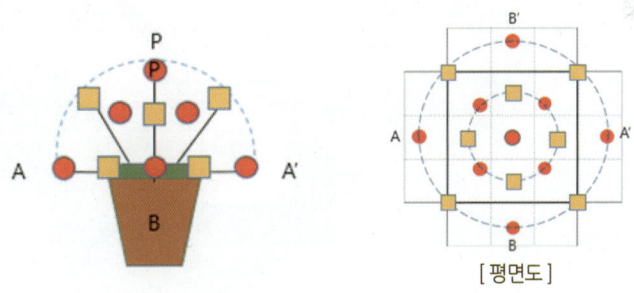

❸ 매스플라워 소재로 꽃과 꽃 사이의 공간을 채워 주며 형태를 보완해 준다.

❹ 리시안셔스 및 필러 소재를 이용하여 빈 공간을 채워 주고 원형의 형태를 만든다.

❺ 플로랄폼이 보이지 않도록 편백으로 마무리한다.

반구형

07 역T자형

2과제 _ 서양꽃꽂이

평면구성(직선구성)_ (대칭), (일방화), (방사형)

L자형에 가로선을 연장하여 알파벳 T를 역으로 구성한 형태이다. 역T자형에서 연장된 가로선은 균형이 잘 잡힌 (좌우 대칭적)인 형태여야 한다. 또한 수직과 수평이 교차되는 부분은 부피를 줄여서 약간의 각이 보이도록 구성해야 이등변 삼각형으로 오해받지 않는다.

특징
- 앞에서 관상하는 (일방화) 디자인이다.
- 포컬 포인트는 수평선과 수직선이 만나는 중심의 축에 위치한다.

제작 포인트

❶ 앞면 위주의 디자인이기 때문에 플로랄 폼의 시작점은 (뒷부분)이 된다.

❷ (포컬 포인트)가 지나치게 높아지면 형태를 벗어나기 쉬우므로 지나치게 높지 않도록 구성한다.

❸ 양쪽 수평선의 각도·길이가 달라지면 불안정해 보이므로 각도를 동일하게 조정해야 한다.

• A = 화기높이의 2.5배~3배   • B,B' = A의 1/2~2/3   • C = A의 1/4   • P = 45°

제작 순서

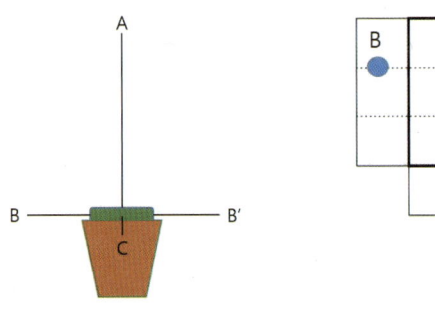
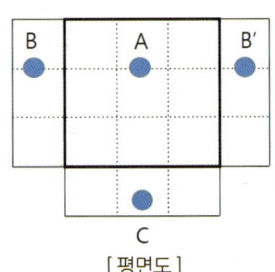
[평면도]

❶ 줄기가 곧은 장미 또는 루스커스를 비율에 맞게 수직A라인과 · 수평B라인을 구성한다.

❷ 장미 또는 거베라로 포컬포인트를 형성한다.

❸ A와 B라인의 연결지점의 꽃이 길면 삼각형이 될 수 있으므로 연결부분 45° 지점에 장미 또는 거베라로 짧게 꽂아 준다.

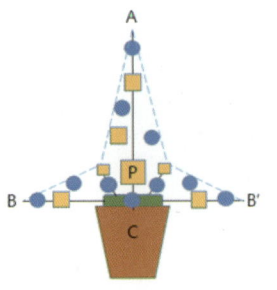
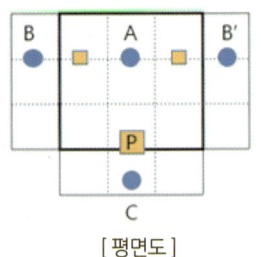
[평면도]

❹ 필러 소재와 그린 소재를 이용하여 빈 공간을 채워 준다.

❺ 플로랄폼이 보이지 않도록 편백으로 마무리한다.

역T자형

❶

❷

❸

❹

Key Point

- 수직과 수평이 강조가 되는 디자인으로 수직선과 수평선이 직각이 되어야 한다.
- 루스커스 또는 유칼립투스로 선을 보충하여 선의 윤곽이 강조되어야 한다.
- 대칭형의 경우 꽃을 분산하여 일정한 간격을 유지하는 것이 좋다.

PART 3
3과제 _ 동양꽃꽂이

30 min

화화훼장식기능사 실기작업 전 점수 팩트 체크

시행 중 채점에 유의하여 도구 사용, 꽃의 특성 파악 등 수험자로서의 기본적인 태도가 중요합니다.

- 선과 공간 구성(빈 공간)
- 침봉고정 정도(형태 유지)
- 재료다듬기 배치
- 화기 위 물 맑기(청결)
- 주어진 과제의 형태 적합도
- 줄기절단 각도(소재에 따라 일자, 사선)
- 출발점(하나의 생장점)
- 침봉가리기
- 사용된 소재 양(제시된 전체소재의 70% 사용량)
- 꽃의 배치(원리와 요소) 및 색상

화훼장식기능사 실기편

chapter 01
직립형(바로세우는 형)

chapter 02
경사형(기울이는 형)

01 직립형

3과제 _ 동양꽃꽂이

(비대칭), (일방화), (방사형)

선과 공간의 미를 표현해야 하는 장르인 한국형 꽃꽂이는 소재의 형태나 운동성이 매우 중요하며, 간결하게 작업해야 한다. 비대칭삼각의 형태로 모든 주지는 1주지와 이야기 하듯 꽃의 표정에 유의하여 꽃을 꽂아주며 황금비율로 제작한다. 여백의 미를 중시하며, 사용하는 꽃이 될 수 있으면 홀수가 될 수 있도록 한다.

Key point

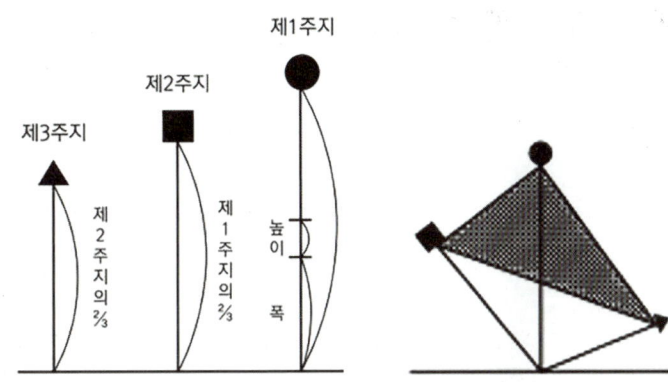

홀수, 여백의 미, 한점방사선, 비대칭, 황금비율(8:5:3)

Tip

- 침봉을 소재로 가려준다.
- 수반화기 위에 꽃잎이나 가지, 가시 등 깨끗하게 정리 및 손질한다. 청결
- 악센트가 존재해야 한다. 시각적 포인트
- 1주지의 각도에 따라 크기와 화형이 결정되므로 각도에 유의하여 전체 형태를 설정한다.
- 꽃의 출발점 생장점이 한점에서 출발해야 한다. 교차금지

직립형
(바로세우는 형)

1주지가 거의 수직에 가깝게 직립한 형태로 구성되는 화형으로 선의 운동성이나 방향성에 따라 약간은 차이가 있지만 보통 1주지의 각도를 0~15° 정도의 각도로 구성한다. 줄기의 끝과 시작점을 연결하여 기준 각도를 계산하고 1주지의 길이에 따라 2주지의 길이가 결정된다.

- 1 주지 = 수반 넓이+높이의 1.5배~2배
- 2 주지 = 1주지의 2/3~3/4
- 3 주지 = 2주지의 2/3~3/4

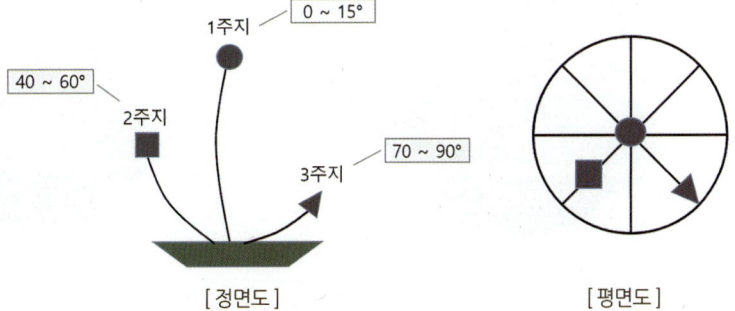

직립형

❶

❷

❸

❹

02 경사형

3과제 _ 동양꽃꽂이

(비대칭), (일방화), (방사형)

소재의 형태나 운동성이 매우 중요하며, 간결하게 작업해야 한다. 일방화로 서로 이야기하듯 꽃을 꽂아주며 황금비율인 8:5:3이 적용된다. 여백의 미를 중시하며, 사용하는 꽃이 홀수가 될 수 있도록 한다.

Key point 홀수, 여백의 미, 한점방사선, 비대칭, 황금비율(8:5:3)

경사형
(기울이는 형)

1주지가 거의 사선에 가깝게 경사진 화형으로 각도는 약 40~60° 내외로 기울여 기준을 삼는다. 1주지가 많이 경사로 누워진 형태이기 때문에 다른 주지의 균형을 잘 이루지 못하면 시각적 균형을 잡기 어려워 중심축에 무게감을 주어야 한다.

- 1 주지 = 수반 넓이+높이의 1.5배~2배
- 2 주지 = 1주지의 2/3~3/4
- 3 주지 = 2주지의 2/3~3/4

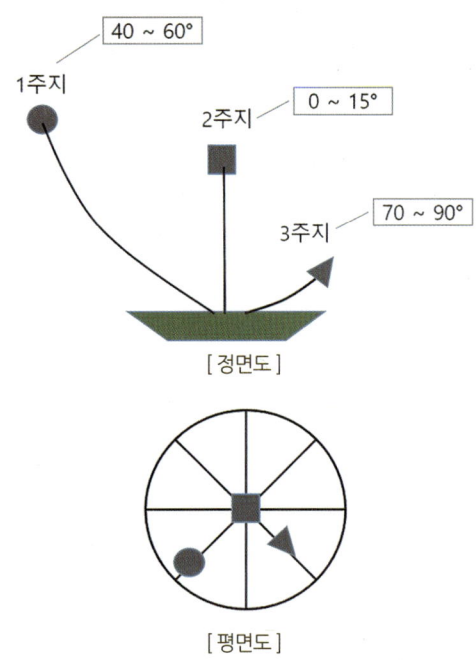

Tip

- 침봉을 소재로 가려준다.
- 수반화기 위에 꽃잎이나 가지, 가시 등 깨끗하게 정리 및 손질한다. 청결
- 악센트가 존재해야 한다. 시각적 포인트

- 1주지의 각도 경사로 기울여져 있으므로 시각적 비율을 고려해야 한다.
- 꽃의 출발점 생장점이 한점에서 출발해야 한다. 교차금지

경사형

❶

❷

❸

❷

❸

화훼장식기능사 실기 예제 작품 모음

Part 1 구조물 꽃다발 사진

❶ 구조물 꽃다발

❷ 반구형 꽃다발

Part 2 서양꽃꽂이 사진

❶ 삼각형

❷ 수평형

❸ 부채형

❹ 수직형　❺ L자형　❻ L자형
❼ 반구형　❽ 역T자형

Part 3 한국꽃꽂이 사진

❶ 직립형　❷ 직립형　❸ 경사형

화훼장식기능사 필기 기출문제

화훼장식기능사 5년간 기출문제

최신 출제예상문제

화훼장식기능사 5년간 기출문제 1회

01 구근식물 중에서 인경류에 해당하지 않는 것은?
① 아마릴리스
② 칸나
③ 수선
④ 히야신스

02 다음 중 화훼의 특징을 잘못 설명한 것은?
① 높은 재배기술이 필요한 작품이다.
② 국제성이 상당히 높은 작품이다.
③ 대표적인 분산작물이다.
④ 종과 품종이 많고 다양하다.

03 화훼의 이용형태 중에서 생산화훼에 관한 설명으로 틀린 것은?
① 생산화훼는 영리를 목적으로 절화, 절엽, 절지, 분화, 종묘, 화단묘, 구근을 생산하고 공급하는 것이다.
② 절엽은 꽃장식에 있어서 배경식물로 이용하기 위해 잎을 자른 것을 말한다.
③ 한국에서는 분화, 종묘, 구근 등의 생산비율이 높지만 유럽과 미국에서는 절화의 생산비율이 높은 편이다.
④ 분화는 식물체를 용기에 심어서 판매하는 형태로 식물을 기르는 것을 말한다.

04 생화인 절화 줄기의 고정방법이 아닌 것은?
① 격자   ② 침봉
③ 글루포트   ④ 철망

05 다음 중 잎의 착생양식이 대생하는 식물이 아닌 것은?
① 개나리
② 거베라
③ 숙근안개초
④ 용담

06 다음 중 선인장에 속하지 않는 것은?
① 네펜데스   ② 금호
③ 월하미인   ④ 비모란

07 다음 중 붉은 줄기를 소재로 이용하는 식물로 가장 적당한 것은?
① 미국미역취
② 흰말채나무
③ 글라디올러스
④ 스토크

정답 01 ② 02 ③ 03 ③ 04 ③ 05 ② 06 ① 07 ②

08 테라리움에 대한 설명으로 옳지 않은 것은?

① 라틴어의 terra(흙)과 arium(작은 용기)의 합성어에서 그 용어가 유래되었다.
② 밀폐된 투명한 작은 용기 속에 흙을 채우고 각종 식물을 배치하여 기르면서 감상하는 원예활동을 말한다.
③ 주로 건조한 환경을 좋아하는 식물, 온도 변화에 민감하지 않고 잘 견디는 식물이 적합하다.
④ 바닥에 물이 흐르지 않기 때문에 인테리어 효과가 뛰어나다.

09 화훼장식에서 건조용 소재의 설명으로 틀린 것은?

① 국내에서 가장 많이 이용된 건조소재는 다래덩굴이다.
② 건조화는 꽃에만 국한되지 않고, 꽃, 잎, 줄기, 뿌리, 나무껍질, 버섯, 이끼 등이 이용되고 있다.
③ 수분이 적고 꽃잎과 줄기가 딱딱하여 건조 후 변형이 잘되지 않는 절화를 채집한다.
④ 홍화, 밀, 양귀비는 열매를 건조소재로 이용한다.

10 생산화훼의 용도별 분류와 그에 사용되는 식물의 연결로 옳지 않은 것은?

① 절화 – 스마일락스, 글라디올러스
② 절엽 – 루스커스, 몬스테라
③ 절지 – 조팝나무, 개나리
④ 분화 – 포인세티아, 아잘레아

11 화훼장식에 사용되는 철사에 관한 설명으로 틀린 것은?

① 화훼장식 디자인에 사용하는 철사는 무게와 지름의 크기에 따라 다양한 규격을 가지고 있다.
② 화훼장식용 철사는 표준규격의 수치가 높을수록 철사의 굵기가 굵어진다.
③ 너무 굵은 철사를 사용하면 재료를 손상시키고 너무 가는 철사를 사용하면 지지 역할을 제대로 못하게 된다.
④ 재료를 받쳐서 제자리에 지탱시킬 수 있는 범위 내에서 가장 가는 철사를 사용하는 것이 좋다.

12 뿌리의 형태와 기능에 관한 설명으로 틀린 것은?

① 뿌리는 수염뿌리와 덩이뿌리로 나눌 수 있다.
② 뿌리에서 흡수된 양수분은 목부를 통해 줄기와 잎으로 운반된다.
③ 체관은 양분을 잎에서 뿌리로 수송한다.
④ 괴경은 뿌리가 비대하여 양분의 저장기관으로 변태한 것이다.

정답 08 ③ 09 ④ 10 ① 11 ② 12 ④

13 다음 절화의 형태분류 중 필러 플라워에 속하지 않는 것은?

① 카스피아　② 안개꽃
③ 공작초　　④ 안스리움

14 다음 중 아스파라거스 속이 아닌 식물의 종명은?

① myriocladus
② sprengeri
③ meyerii
④ comosum

15 다음 중 일반적으로 열매가 자주색으로 나타나는 식물은?

① 피라칸타
② 백량금
③ 남천
④ 좀작살나무

16 절화의 물올림 방법으로 적절하지 않은 것은?

① 물속에서 재절단하며, 재절단 시 가위보다 예리한 칼을 사용한다.
② 같은 종 또는 같은 품종 단위로 동일한 용기에 넣고 물올림시킨다.
③ 유액이 나오는 줄기는 재절단 후 끓는 물에 수 초간 담근다.
④ 수분 흡수를 좋게 하기 위해서 줄기 기부를 수평으로 절단한다.

17 고전적 형태의 하나로 양끝이 서로 이어지려는 듯이 곡선과 공간의 균형이 아름다우며 동적인 느낌을 주는 디자인은?

① 나선형　② 초승달형
③ 수직형　④ 둥근형

18 압화의 재료로 사용하기 어려운 꽃은?

① 주름이 많은 꽃
② 색이 선명한 꽃
③ 꽃잎의 수분함량이 적은 꽃
④ 구조가 간단하고 꽃잎이 작은 꽃

19 화훼류의 개화 조절 방법에 속하지 않는 것은?

① 춘화처리
② 생장조절제 처리
③ 전조 또는 차광
④ 멀칭

20 토양의 수분함수와 관련하여 수분이 포화된 상태의 토양에서 증발을 방지하면서 중력수를 완전히 배제하고 남은 수분상태를 무엇이라고 하는가?

① 최대용수량　② 포장용수량
③ 초기위조점　④ 영구위조점

정답 13 ④ 14 ④ 15 ④ 16 ④ 17 ② 18 ① 19 ④ 20 ②

21 절화보존용액의 효과로 거리가 먼 것은?

① 절화의 관상기간을 연장시킨다.
② 절화의 물올림을 원활하게 해 준다.
③ 조기 채화된 봉오리의 개화를 돕는다.
④ 절화의 색상과 향기를 증진시킨다.

22 시큐어링 기법을 바르게 설명한 것은?

① 사용한 철사가 약하거나 짧을 때 더욱 단단하게 보강하기 위해 사용하는 방법
② 꽃의 약한 줄기를 보강해 주거나 줄기를 구부릴 때 그 줄기를 보강하기 위해 사용하는 방법
③ 와이어 줄기를 한 개로 하는 방법으로 굵은 와이어의 끝을 갈고리 모양으로 구부려서 줄기에 따라 감아 내린 방법
④ 씨방이나 꽃받침 부분의 줄기에 철사를 직각이 되게 찔러 넣고 두 가닥이 되게 구부리는 방법

23 공간연출을 위한 디자인 과정으로 옳은 것은?

① 기획 – 조사분석 – 구상 – 계획 – 시공 – 관리
② 조사분석 – 기획 – 계획 – 구상 – 시공 – 관리
③ 계획 – 기획 – 구상 – 조사분석 – 시공 – 관리
④ 구상 – 기획 – 계획 – 조사분석 – 시공 – 관리

24 줄기를 나선상으로 조합하여 둥근형으로 만드는 신부화는?

① 캐스케이드 부케
② 바스켓 부케
③ 비더마이어 부케
④ 트라이앵글러 부케

25 식물 소재의 손질 방법으로 틀린 것은?

① 구입한 절화소재에서 시들거나 손상된 부위의 꽃잎과 잎은 제거하고 잎이 너무 무성하면 솎아 준다.
② 절화 줄기나 나뭇가지 아랫부분의 잎은 깨끗하게 제거한다.
③ 비슷한 길이의 서로 평행으로 자란 나뭇가지는 모양이 좋으므로 가지를 자르지 않고 잘 살리는 것이 좋다.
④ 대칭으로 자란 잔가지는 번갈아 쳐내어 공간을 살리는 것이 좋다.

26 다음 중 굴지성이 가장 잘 나타나는 절화는?

① 스프레이국화 ② 거베라
③ 글라디올러스 ④ 장미

27 진주암을 1000°C 정도의 고온에서 가열한 무균 인조 토양으로 공극량이 많은 토양은?

① 피트모스 ② 질석
③ 펄라이트 ④ 훈탄

정답 21 ④ 22 ② 23 ① 24 ③ 25 ③ 26 ③ 27 ③

28 에틸렌 발생의 요인으로 거리가 먼 것은?

① 시들은 절화
② 익어가는 과일
③ 질병에 감염된 분식물
④ 저온

29 웨딩부케를 제작할 때 가장 중요하게 고려해야 할 사항은?

① 신부이므로 화려하게 제작하는 것이 원칙이다.
② 가볍고 들기 쉽게 만들어야 한다.
③ 멋스럽고 크게 만드는 것이 좋다.
④ 신부의 체형보다도 예식장 전체 분위기에 맞게 하는 것이 좋다.

30 분식물 장식에 대한 설명으로 틀린 것은?

① 테라리움은 밀폐된 용기 속에 식물을 심고 연못을 만들어 거북이나 물고기를 넣어 키우는 것이다.
② 디시가든은 용기에 키가 작고 생육속도가 느린 식물을 심는 분식물 장식이다.
③ 걸이분은 바구니를 비롯한 가벼운 용기에 식물을 심어 매달아 키우는 형태이다.
④ 수경재배는 토양 대신 식물을 지지할 수 있는 배지와 물을 넣어 재배하는 것을 말한다.

31 간단한 가족모임을 위해 꽃을 꽂으려 한다. 장식물을 식탁 위에 둔다면 다음 중 어느 형으로 계획하는 것이 가장 적합한가?

① 피닉스형   ② 피라미드형
③ 수평형   ④ 부채형

32 볏단, 밀짚다발, 옥수수대 등을 이용하여 같은 재료 또는 비슷한 재료를 단단히 묶는 기법은?

① 조닝   ② 시퀀싱
③ 번들링   ④ 테라싱

33 수직적인 디자인의 주소재로 가장 어울리는 것은?

① 스킨답서스   ② 개나리
③ 말채   ④ 스마일락스

34 절화장식에 속하는 것은?

① 콜라주   ② 테라리움
③ 디시가든 ④ 비바리움

35 주간 온도가 16°C, 야간 온도가 23°C일 때의 DIF 값은?

① +39   ② +7
③ −7   ④ −39

정답 28 ④ 29 ② 30 ① 31 ③ 32 ③ 33 ③ 34 ① 35 ③

36 동양식 꽃꽂이를 위한 화기의 크기와 너비 40cm×높이 5cm일 때, 제 1주지의 표준길이로 가장 적합한 것은?

① 약 30~40cm
② 약 45~65cm
③ 약 70~90cm
④ 약 95~105cm

37 하나로 묶어서 결합시키는 기법이 아닌 것은?

① 바인딩   ② 랩핑
③ 그룹핑   ④ 밴딩

38 자연줄기 그대로를 표현해서 꽃다발을 연상하게 만든 꽃꽂이 형태는?

① L자형
② 스프레이형
③ 크리센트형
④ 패러렐 스트라우스

39 식물의 생장 형태 혹은 앞으로 생장하게 될 형태를 사실적으로 표현하는 조형 형태로 옳은 것은?

① 식생적 구성   ② 장식적 구성
③ 형-선적 구성   ④ 도형적 구성

40 분식물의 용기에 대한 설명으로 틀린 것은?

① 용기는 배수구가 있는 것이 관수, 관리하기 용이하다.
② 일반적으로 키가 큰 식물은 낮고 넓은 용기가 적절하다.
③ 배수구가 있는 용기는 물 받침이 충분하지 않으면 바닥에 물이 넘칠 수 있어 주의한다.
④ 배수구가 없는 용기는 관찰용 파이프를 묻어 용기 바닥의 물을 관찰해 준다.

41 콜라주에 대한 설명으로 틀린 것은?

① 20세기에 등장한 독특한 시각예술이다.
② 천, 금속, 돌 등의 재료를 붙여서 구성하는 표현기법 중 하나이다.
③ 프랑스어 '풀칠', '붙이다' 의미를 가진 coller에서 유래되었다.
④ 벽장식으로만 이용한다.

42 검정색과 노란색을 사용하는 교통표지판은 색채의 어떠한 특성을 이용한 것인가?

① 색채의 연상   ② 색채의 이미지
③ 색채의 명시성   ④ 색채의 심리

43 화훼장식의 주재료인 생화는 지속시간이 짧은 단점을 가지고 있다. 이 단점을 보완할 수 있는 것은?

① 콜라주   ② 종이
③ 건조화   ④ 염색화

정답 36 ③ 37 ② 38 ② 39 ① 40 ② 41 ④ 42 ③ 43 ③

44 유럽의 절화장식에서 꽃의 자연건조나 누름건조, 꽃그림 그리기, 조개, 왁스, 깃털, 구슬 등으로 조화를 만드는 기술이 교육되었던 시기로 옳은 것은?

① 르네상스 시대
② 빅토리아 시대
③ 바로크 시대
④ 영국 조지 시대

45 리듬을 만드는 방법에 해당하지 않은 것은?

① 색의 규칙적인 반복 사용
② 같은 형태의 꽃을 반복 사용
③ 색의 연계
④ 이질적인 색을 동일 양으로 사용

46 건조화가 최적의 소재가 되기 위한 특성이 아닌 것은?

① 유연성이 있어야 한다.
② 지속성이 있어야 한다.
③ 원하는 색을 유지해야 한다.
④ 건조나 가공 후 변형이 있어야 한다.

47 황금비율을 가장 바르게 나열한 것은?

① 8:4:1   ② 8:5:1
③ 8:5:3   ④ 8:6:3

48 다음 중 상대적으로 깊이감이 덜 요구되는 기법은?

① 쉐도잉 기법
② 그룹핑 기법
③ 파베 기법
④ 테라싱 기법

49 우리나라 분식물장식의 역사로 틀린 것은?

① 문인, 문객들의 문집에 수록된 시에서 그 흔적을 찾아 볼 수 있다.
② 고려말기의 자수병풍에서 분식물을 찾아 볼 수 있다.
③ 한국의 전통적인 분식물은 매화나무나 소나무 등 자생 목본식물이 주종을 이룬다.
④ 홍만선의 산림경제에는 노송을 비롯한 만년송 등에 대한 내용을 수록하고, 어울리는 수형과 분토에 이끼를 생겨나게 하는 요령 등이 자세히 소개되어 있다.

50 화훼장식 소재와 표면구조의 특성으로 옳게 짝지어진 것은?

① 안수리움—나무와 같은
② 팬지—금속과 같은
③ 클레마티스 열매 – 솜털 같은
④ 아킬레아 – 실크와 같은

정답 44 ② 45 ④ 46 ④ 47 ③ 48 ③ 49 ② 50 ③

51 다음과 같은 고려사항이 요구되는 화훼장식의 조형 형태는?

> - 세 개의 서로 다른 크기의 그룹(주, 역, 부)으로 구성되는 비대칭적 질서가 일반적이다.
> - 자연에서 보듯 생장점(출발점)이 종종 화기 안에서 한 점 또는 그 이상 있는 듯 보인다.
> - 꽃의 가치효과와 운동성, 색상, 용기선택 등을 고려해야 한다.

① 식생적 구성　② 장식적 구성
③ 형-선적 구성　④ 병행적 구성

52 현대의 꽃꽂이에 대한 설명으로 옳은 것은?

① 일제 강점기의 잔재로 전통꽃꽂이가 계승되지 못했던 시절이 있었다.
② 세계화 추세로 전통적인 꽃꽂이가 완전히 없어졌다.
③ 서양식 디자인의 도입으로 소재는 다양해졌으나 형태적인 다양성을 이루지 못하고 있다.
④ 오늘날의 화훼장식은 실용적인 의미보다는 화도로서의 의미가 더 크다.

53 건조화에 대한 설명으로 틀린 것은?

① 전시방법, 장소, 위치에 덜 구애받는다.
② 쉽게 부패되는 소재는 방부제 처리를 해 준다.
③ 꽃이 만개하였을 때 건조하는 것이 효과적이다.
④ 보관 시에는 햇빛이 적게 받는 곳에 둔다.

54 다음 중 비대칭적인 균형을 가장 효과적으로 나타낼 수 있는 디자인은?

① 라운드　　② 초승달형
③ 원추형　　④ 다이아몬드형

55 액체 글리세린 건조법에 대한 설명으로 틀린 것은?

① 건조된 재료의 저장에 폴리에틸렌 필름을 사용한다.
② 수분이 글리세린으로 교환되어 좋은 질감과 유연함을 갖는다.
③ 수분흡수 능력이 있는 계절에 이용 가능하다.
④ 글리세린의 농도와 처리시간에 따라서 색깔에 차이가 있다.

56 화훼장식 정의와 가장 거리가 먼 것은?

① 식물을 주 소재로 시간, 장소, 목적에 적합한 아름다운 조형물을 설치하는 것이다.
② 화훼장식의 넓은 의미는 화훼장식물을 유지 및 관리하는 영역도 포함된다.
③ 식물에 인간의 창의력이 첨가된 조형예술이다.
④ 화훼장식은 식물 생명의 유한성이 배제된 조형예술이다.

정답　51 ①　52 ①　53 ③　54 ②　55 ①　56 ④

57 화훼장식 디자인에 이용되는 3가지 선의 분류에 해당하지 않는 것은?

① 실제적 선
② 함축된 선
③ 정적인 선
④ 심리적인 선

58 다음 색상환에 유사색상배색을 나타낸 것은?

①
②
③
④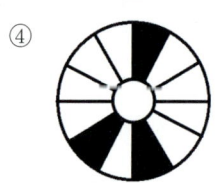

59 디자인에 대한 설명으로 옳은 것은?

① 빨간색 장미와 주황색 극락조화를 오렌지색 화기에 디자인하면 분열보색 조화를 꾀할 수 있다.
② 디자인의 주류를 이루는 색에 대립되는 색을 사용하여 강렬한 느낌을 줄 수 있는데, 이때 대립되는 색의 분량이 주조색만큼 되어야 그 효과를 볼 수 있다.
③ 식물을 이용한 질감의 변화는 빛과 그림자를 혼합하면서 디자인에 변화와 깊이를 부여한다.
④ 비슷한 질감의 소재를 적절히 혼합하여 조화를 얻을 수 있고 다양한 질감, 상반되는 질감을 배열하여 통일감을 얻을 수 있다.

60 다음 설명은 화훼장식의 기능 중 어느 부분에 속하는가?

> 공기 중의 오염 물질을 흡수하여 공기를 정화시키며, 수분을 방출하여 습도를 조절해 주고, 전자파 차단과 방음 효과가 있다.

① 치료적 기능
② 심리적 기능
③ 환경적 기능
④ 건축적 기능

정답 57 ③ 58 ② 59 ③ 60 ③

화훼장식기능사 5년간 기출문제 2회

01 다음 중 한해살이 초화류가 아닌 것은?
① 과꽃   ② 천일홍
③ 아게라텀   ④ 디기탈리스

02 철사의 표준치수 중 가장 굵은 것은?
① #24   ② #22
③ #20   ④ #18

03 다음 중 백합과 식물인 나리가 속하는 구근류의 형태는?
① 알줄기   ② 뿌리줄기
③ 비늘줄기   ④ 덩이뿌리

04 다음 중 일장반응에 따라 화훼 식물의 분류에서 장일식물에 속하는 것은?
① 금어초   ② 포인세티아
③ 맨드라미   ④ 코스모스

05 식물을 "보통명"으로 사용 시 단점으로 보기 어려운 것은?
① 학명에 비해 부적합한 것이 많다.
② 전 세계 사람이 통용어로 사용할 수 없다.
③ 다른 나라 언어로 되어 있어서 부르거나 기억하기 어렵다.
④ 같은 식물을 다른 이름으로 부르거나 다른 식물을 같은 이름으로 부르는 사례가 있어 혼돈을 가져온다.

06 도구 및 부재료의 보관 방법으로 적합하지 않은 것은?
① 리본 및 포장지는 광선에 의해 변색되기 쉬우므로 광과 습기가 들어가지 않는 장소에 보관한다.
② 스프레이는 화재 위험이 없는 곳에 보관한다.
③ 플로랄 테이프는 접착성 물질이 굳지 않도록 따뜻한 곳에 보관한다.
④ 플로랄 폼은 상자에 넣은 채로 건조한 곳에 보관한다.

07 화훼를 용도에 따라 절화용, 절지용, 절엽용으로 구분할 때, 다음 중 절화용으로 짝 지어지지 않은 것은?
① 프리지아, 꽃창포, 장미
② 칼라, 용담, 델피니움
③ 공작초, 산수유, 유칼립톱스
④ 튤립, 국화, 알스트로메리아

정답 01 ④ 02 ④ 03 ③ 04 ① 05 ③ 06 ③ 07 ③

08 식물의 기관 중 줄기의 일반적인 역할로 옳은 것은?

① 광합성과 증산작용
② 양분과 수분을 흡수
③ 식물체를 지탱
④ 과실과 종자 형성

09 노지화단에서 재배할 수 있는 숙근성 초화류 식물로만 나열된 것은?

① 패랭이, 마가렛
② 샐비어, 시네라리아
③ 꽃창포, 원추리
④ 디기탈리스, 게베라

10 다음 중 학명의 연결이 틀린 것은?

① 금잔화 : Calendula arvensis L.
② 봉선화 : Impatiens balsamina L.
③ 팬지 : Viola tricolor L.
④ 과꽃 : vinca rosea L.

11 다음 중 섬유질과 규산질이 많고 수분이 적어 자연건조 후 변형이 잘 되지 않는 식물은?

① 밀집꽃　　② 작약
③ 아이리스　④ 카네이션

12 디자인으로 본 잎의 형태에서 안정감과 무게감을 주는 역할을 하는 덩어리 잎(mass foliage)으로 볼 수 없는 것은?

① 고무나무　② 드라세나
③ 크로톤　　④ 스킨답서스

13 상업적인 디스플레이용 화훼장식의 특징으로 거리가 먼 것은?

① 고객으로 하여금 상품을 구입하도록 동기를 만들어 준다.
② 예술가로서 또는 화훼장식전문가로서의 홍보와 아이디어를 선보인다.
③ 단순한 공간장식보다는 상업공간의 이미지 전달과 홍보를 위한 시선 집중을 유도한다.
④ 계절별 주제를 잡아 이에 어울리는 화훼식물을 도입하는 경우가 많다.

14 다음 중 화훼재료의 분류에 대한 설명으로 옳지 않은 것은?

① 파종 후 1년 이내에 개화 결실하여 일생을 마치는 화초를 한해살이 초화라 한다.
② 겨울이 되면 지상부의 잎·줄기는 말라죽지만, 지하부의 뿌리는 계속 남아 이듬해 생육을 계속하는 초본성 화훼를 숙근초라고 한다.
③ 식물체의 잎, 줄기, 뿌리 등에 영양분이 저장 되어 비대해진 화초를 다육식물이라 한다.
④ 잎의 모양, 색, 무늬 등의 아름다움을 관상하는 식물을 관화식물이라 한다.

정답　08 ③　09 ③　10 ④　11 ①　12 ②　13 ②　14 ④

15 다음 중 매스 플라워(mass flower)로 볼 수 없는 것은?

① 글라디올러스　② 장미
③ 카네이션　　　④ 수국

16 테이블 장식품의 제작 시 유의사항으로 옳지 않은 것은?

① 테이블의 모양과 크기를 확인한다.
② 컨셉트에 맞추어 꽃 소재를 선택하고 화형을 정한다.
③ 마주 앉은 사람의 시선을 가리지 않게 디자인한다.
④ 테이블의 정중앙에만 용기가 위치해야 한다.

17 동양식 꽃꽂이에서 제 1주지의 길이는 화기의 길이(가로)와 높이(세로)를 더한 길이의 몇 배가 적당한가?

① 1배　　　　② 1.5~2배
③ 2.5~3.5배　④ 5~7배

18 화분 밑의 배수공을 통해 물이 모세현상으로 스며 올라가게 하는 관수방법은?

① 점적관수　② 저면관수
③ 살수관수　④ 지중관수

19 과꽃이나 소국 등으로 부케(bouquet)를 제작할 때, 와이어 끝을 1cm 가량 구부려서 제작하는 철사처리 방법은?

① 후킹(hooking)
② 소잉(sewing)
③ 피어싱(piercing)
④ 트위스팅(twisting)

20 크기, 색, 질감 등의 요소에 점진적인 변화를 주어 배열하는 기법으로 꽃을 배치할 때 중심에서 바깥으로 벗어나면서 어두운 색에서 점진적으로 밝은 색으로 배치하는 방법은?

① 프레이밍　② 쉐도잉
③ 시퀀싱　　④ 조닝

21 식물의 뿌리 흡수기능이 약해져서 초세를 빨리 회복하기 위해 액체비료를 식물 지상부에 살포하려고 한다. 다음 중 시비방법으로 적당한 것은?

① 엽면시비　　② 전면시비
③ 부분시비　　④ 이산화탄소 시비

22 에틸렌이 절화에 미치는 영향으로 가장 적당한 것은?

① 생장을 돕는다.
② 잎을 진한 녹색으로 만들어 준다.
③ 줄기를 튼튼하게 한다.
④ 노화를 촉진한다.

정답　15 ①　16 ④　17 ②　18 ②　19 ①　20 ③　21 ①　22 ④

23 다음 중 식물이 휴면(dormancy)을 하는 이유로 가장 적합한 것은?

① 스스로 불량환경을 극복하기 위해서
② 병충해를 방지하기 위해서
③ 자손을 남기기 위하여
④ 생산된 에너지를 저장하기 위해서

24 줄기 속에 철사(wire)를 통과시켜 자연줄기를 보강해 주거나 구부리기 쉽게 하는 기법은?

① 루핑(looping)
② 크로싱(crossing)
③ 익스텐딩(extending)
④ 인서션(insertion)

25 토양산도가 강산성(ph 5.0 이하)에서 잘 자라기 힘든 화훼는?

① 아게라텀   ② 철쭉
③ 은방울꽃   ④ 제라니움

26 절화의 수확 후 수명과 품질 유지를 위하여 처리하는 방법으로 적절하지 않은 것은?

① 수확 후 예냉
② 보존용액으로 전처리
③ 수분 증발 촉진제 처리
④ 보관용수의 살균제 처리

27 다음 중 절화 생리에 대한 설명으로 옳지 않은 것은?

① 증산량이 흡수량보다 적을 경우 절화가 쉽게 시들 수 있다.
② 증산량은 엽면적, 온도, 광, 바람 등에 의해 크게 영향을 받는다.
③ 절화 장미의 꽃목굽음은 절화의 수분 균형이 깨져서 발생하는 대표적인 예이다.
④ 유관속 폐쇄의 원인으로 도관에 펙틴, 폴리페놀, 단백질 등의 점착물질이 쌓여 막히는 것 이 있다.

28 양을 강조하기 위해 소재를 그룹으로 타이트하게 모아 공간이 없게 작은 소재들을 빽빽하게 꽂는 것을 말하는 것은?

① 클러스터링(clustering)
② 플레이밍(flaming)
③ 조닝(zoning)
④ 베이싱(basing)

29 제작 후 확인하여야 할 항목 중 옳지 않은 것은?

① 냉방기 가까이에 두면 수명연장에 도움이 된다.
② 사용한 철사의 끝은 작품 안쪽으로 넣어 주어야 한다.
③ 플로랄폼은 모두 가렸는지 확인한다.
④ 측면, 뒷면에 마감처리도 확인하여야 한다.

정답 23 ① 24 ④ 25 ② 26 ③ 27 ① 28 ① 29 ①

30 줄기배열에 따른 꽃꽂이의 형태에 관한 설명으로 옳지 않은 것은?

① 방사선 배열 – 모든 줄기의 선이 한 개의 초점에서부터 전개된다.
② 병행선 배열 – 여러 개의 초점으로부터 나온 줄기의 배열이 모두 같은 방향으로 병행을 이룬다.
③ 교차선 배열 – 여러 개의 초점으로부터 나온 줄기의 선이 여러 각도의 방향으로 뻗어 배열된다.
④ 감는선 배열 – 방사선 배열에서 발전된 형으로 직선적인 선의 흐름이 특징이다.

31 곡선을 가느다랗게 강조한 유동감이 있고 세련미 넘치는 공간 구성으로 시대적 감각을 풍부하게 하며 가냘프고 신비한 느낌을 주는 화형은?

① 초승달형   ② 수평형
③ 부채형   ④ 대각선형

32 다음 중 유리용기에 도마뱀, 개구리, 거북 등과 식물을 함께 생육시키는 식물장식으로 가장 적당한 것은?

① 토피어리   ② 테라리움
③ 비바리움   ④ 디쉬가든

33 식생적 구성(vegetative)의 설명으로 옳지 않은 것은?

① 소재의 가치효과와 운동성, 표면구조를 살펴서 그룹별로 배치를 한다.
② 대칭형으로 구성하기도 하나 일반적으로는 비대칭형으로 구성한다.
③ 반드시 하나의 생장점을 갖도록 한다.
④ 식물의 생리, 생태적인 면을 고려하여 식물이 자연 상태에서 살아 있는 것과 같은 형태로 조형하는 것이다.

34 소매상(화원)에서의 절화취급 요령 중 잘못된 것은?

① 도착 즉시 포장을 풀고 선별과정은 저온에서 행한다.
② 저온 처리된 절화는 상온에서 선별하면 결로가 발생 하거나 건조피해 입기 쉽다.
③ 줄기가 딱딱한 절화일수록 보존용액 사용 전에 물올림한다.
④ 질산은제가 함유된 전처리제를 사용했다면 반드시 재절단해 주어야 한다.

35 흘러내리는 형태가 나타나지 않는 부케는?

① 샤워(shower)부케
② 워터폴(waterfall) 부케
③ 캐스케이드(cascade) 부케
④ 비더마이어(biedermeier) 부케

정답 30 ④ 31 ① 32 ③ 33 ③ 34 ④ 35 ④

36 장례의식에서 사용되는 화훼 장식품에 관한 설명으로 옳지 않은 것은?

① 리스는 일반적으로 원형의 형태로 시작과 끝이 없다는 의미를 지니며 영원성, 불멸, 영원한 인생 등의 의미를 지닌다.
② 십자가 장식은 종교적인 의미가 강하므로 기독교, 천주교 장례행사에서 볼 수 있다.
③ 동서양 모두 장례용 꽃다발은 화려한 색상의 꽃들은 피하고 국화 등 흰색의 꽃을 이용하여 제작하는 것이 보통이다.
④ 우리나라 전통의 장례문화에서는 관을 노출시키지 않고 병풍으로 가리었기 때문에 특별한 경우를 제외하고는 대부분 관을 장식하지 않는다.

37 소재를 묶어 주는 기법과 관계 없는 것은?

① 밴딩　　② 그루핑
③ 번들링　④ 바인딩

38 여성들의 의복이나 신체를 꾸미는 꽃장식물을 나타내는 용어는?

① 코사지　② 부토니어
③ 갈란드　④ 레이

39 다음 플라워 디자인용 사용용도나 사용설명으로 옳지 않은 것은?

① 플로랄폼 : 빠른 시간 안에 사용할 수 있도록 강제로 물속에 밀어 넣는다.
② 철사 : 굵기를 나타내는 번호가 높을수록 가늘다.
③ 플로랄테이프 : 사용 시 사선으로 당기면서 겹치는 부분이 가늘고 매끄럽게 감기도록 한다.
④ 방수테이프 : 플로랄 폼과 수반을 고정할 때 사용한다.

40 화훼장식 기법 중 절화나 절엽 등을 줄처럼 길게 이어서 만든 장식물은?

① 리스(wreath)
② 갈란드(garland)
③ 형상물(fligure)
④ 콜라주(collage)

41 절화보존제의 구성 성분 중 에너지원으로 공급되는 것은?

① 단백질　② 자당
③ 지방　　④ 무기질

42 채도(chroma)를 가장 잘 설명한 것은?

① 색채의 이름
② 색채의 선명도
③ 색채의 밝기
④ 색채의 배합

정답　36 ③　37 ②　38 ①　39 ①　40 ②　41 ②　42 ②

43 조형 형태(장식적, 식생적, 병렬적, 도형적)에 관련된 설명으로 옳은 것은?

① 평행적 형태는 1초점 구성이다.
② 식생적 형태는 장식적인 형태와는 달리 자연적인 성장형태에 어긋나지 않게 사실적으로 표현한 것이다.
③ 도형적 형태는 자연적인 디자인을 추구하는 형태이다.
④ 식생적 형태는 각 소재가 갖고 있는 형과 선을 뚜렷한 선과 각도로 대비시켜 표현하는 것을 말한다.

44 고대 그리스 시대 및 로마 시대의 화훼장식에 대한 설명으로 옳지 않은 것은?

① 고대 그리스와 로마의 화훼장식은 이집트 문화의 영향을 받았다.
② 갈란드나 리스와 같은 화훼장식이 그리스 시대에 처음 출현하였다.
③ 바구니 디자인으로는 코르누코피아(cornucopia)라는 뿔 모양의 바구니 디자인이다.
④ 연회나 축제 때 꽃이나 꽃잎을 뜯는 것으로 산화(loose flowers and petals)를 하기도 한다.

45 화훼디자인에 요소 중 만져서 느낄 수 있는 촉각과 더불어 덩어리감을 느낄 수 있는 뭉치, 중량감, 부피감을 말하는 것은?

① 공간(space)
② 양감(volume)
③ 비례(proportion)
④ 질감(texture)

46 화훼장식의 기능에 관한 설명 중 경제적 기능에 관한 설명으로 적합한 것은?

① 화훼장식물이나 화훼장식공간은 아름다운 생활환경에 대한 관심을 유도한다.
② 도시환경 아이들에게 자연학습의 기회를 제공한다.
③ 지속적으로 유지되는 분식물을 통해 관리에 대한 지식을 습득하게 된다.
④ 화훼장식물이 장식된 공간은 아름답고 편안한 이미지를 주며 볼거리를 제공하여 많은 사람들을 불러 모으는 효과가 있다.

47 화훼장식을 구성할 때 디자인은 원리와 요소로 구분된다. 그중 디자인의 요소에 해당되는 것은?

① 조화
② 질감
③ 통일
④ 균형

48 다음 중 색의 3속성으로만 나열된 것은?

① 빨강, 파랑, 초록
② 빨강, 노랑, 초록
③ 색상, 명도, 채도
④ 색상, 명도, 순도

정답 43 ② 44 ② 45 ② 46 ④ 47 ② 48 ③

49 다음 중 화훼 소재의 건조법에 대한 설명으로 옳지 않은 것은?

① 여러 가지 건조법을 통해 형태와 색상을 유지 하며 건조시킬 수가 있다.
② 건조법 중에서 냉동건조법이 가장 일반적인 건조법이다.
③ 자연건조를 하기에 적당한 장소는 통풍이 잘 되고 직사광선이 없는 곳이다.
④ 건조소재를 가볍게 제작할 수 있다는 장점을 가지고 있다.

50 서양꽃장식의 시대별 특징에 관한 설명 중 옳지 않은 것은?

① 비잔틴 시대에는 수직형의 좌우대칭으로 선단이 뾰족한 원추형태가 발달하였다.
② 르네상스 시대의 디자인에 과일과 채소들이 종종 꽃과 조화를 이루었다.
③ 바로크 시대는 복잡하게 흘러넘치는 것이 전형이며 대부분 운율적인 비대칭균형을 보여 준다.
④ 로코코 시대는 비더마이어 양식이 주를 이루었다.

51 화훼장식 디자인의 원리 중 리듬에 대한 설명으로 옳지 않은 것은?

① 음악과 같이 연결성을 갖고 흘러가는 것을 말한다.
② 계절의 변화와 같이 규칙적으로 반복되어 일어난다.
③ 색상이나 명암 또는 텍스처에 변화를 줄 수도 있다.
④ 정적인 느낌의 안정감을 주는 디자인 원리다.

52 다음 설명하는 화훼장식의 효과는?

> 인간의 지각기능을 적절히 자극해 창조성을 높이거나 스트레스를 해소시켜 준다.

① 정서함양과 치료 효과
② 교육 효과
③ 환경조절 효과
④ 공간장식 효과

53 다음 중 압화소재로 적합한 꽃은?

① 꽃잎이 나팔모양인 꽃
② 색이 선명하고 변화가 많은 꽃
③ 주름이 많은 꽃
④ 꽃잎이 두껍고 수분함량이 많은 꽃

54 건조소재로 이용되는 잎 소재 중 비교적 얇고 수분함량이 적은 종류로만 나열된 것은?

① 엽란, 종려, 소빗내, 포플러
② 엽란, 종려, 포플러, 동백
③ 엽란, 포플러, 야자류, 태산목
④ 엽란, 떡갈나무, 양치류, 비파

정답 49 ② 50 ④ 51 ④ 52 ① 53 ② 54 ①

55 화훼장식에 관련된 설명으로 옳지 않은 것은?

① 주로 절화장식은 장식기간이 일시적이다.
② 절화장식은 기본적으로 건조화를 함께 사용할 수 없다.
③ 분식물은 기본적으로 용기, 토양 그리고 식물, 첨경물로 구성된다.
④ 실내정원은 분식물을 반복적으로 배치하거나, 고정된 플랜터에 꾸밀 수 있다.

56 고려시대 꽃문화의 특징에 해당하는 것은?

① 꽃문화가 생활 속에 정착하고 발전하였으며, 불전에 바치는 공양으로 꽃이 많이 사용되었다.
② 이 시대에 들어 꽃꽂이는 획기적인 발전을 이루었으며, 꽃에 관한 다양한 전문서적이 저술되었다.
③ 서양으로부터 다양한 양식이 도입되었다.
④ 꽃꽂이는 실용적인 목적으로 사용되기 시작하였으며, 주로 여성들의 여가 활동으로 각광 받았다.

57 대칭과 비대칭을 결정짓는 디자인의 원리는?

① 균형   ② 강조
③ 리듬   ④ 조화

58 비(比, proportion)에 대한 설명으로 옳지 않은 것은?

① 디자인할 때 상대적인 크기와 관계를 의미한다.
② 폭, 길이, 두께, 높이에 의한 치수와 관계가 있다.
③ 균형과 밀접한 관계가 있다.
④ 장식재료인 화기의 크기와는 관계가 없다.

59 소재를 선택할 때 고려해야 할 사항으로 가장 거리가 먼 것은?

① 디자인 형태
② 장식할 공간
③ 작가가 선호하는 색상
④ 화기와의 조화

60 탈색과 염색에 대한 설명으로 옳은 것은?

① 식물의 잎, 줄기, 열매를 염색시킨 후 탈색시킨다.
② 표백제로는 주로 티오황산은이 사용된다.
③ 염색할 경우 알코올과 물의 비율을 1 : 2 비율에 용액을 넣는다.
④ 탈색 대상은 식물은 섬유소가 많이 함유되어 있고 잘 부서지지 않는 식물이다.

정답 55 ② 56 ① 57 ① 58 ④ 59 ③ 60 ④

화훼장식기능사 5년간 기출문제 3회

01 화훼식물이 장식에 이용되는 주요 형태로 가장 거리가 먼 것은?

① 절화장식　② 도시조경
③ 분식물장식　④ 실내정원

02 포엽(bract:苞葉)이 꽃처럼 보이는 식물이 아닌 것은?

① 범부채
② 포인세티아
③ 플라밍고 안수리움
④ 부게인빌레아 글라브라

03 리본의 용도로 틀린 것은?

① 철사 처리 및 테이프 감은 부분을 마무리 할 때 사용한다.
② 작품 제작 및 포장에 리본뿐만 아니라 리본 보우를 만들어 사용한다.
③ 철사에 리본을 감아 독특한 모양으로 만들어 장식적으로 사용한다.
④ 상품을 안전하게 보호하는 기능을 하는데 주로 사용한다.

04 연회장 화훼장식을 위한 배치방법으로 가장 거리가 먼 것은?

① 연회장 테이블 위에는 절화나 소형 분식물을 이용한 장식물을 배치한다.
② 연회장 출입구에는 화환이나 대형 관엽식물을 배치한다.
③ 연회장 주변 테이블 앞에는 칼랑코에(Kalanchoe blossfeldiana Poelln)를 이용한 갈란드(galand)를 늘어뜨린다.
④ 연회장 테이블 위에는 상대방의 눈을 가리지 않는 높이의 장식물을 배치한다.

05 분류의 가장 하위 단위는?

① 종　② 속
③ 과　④ 목

06 화훼에 대한 정의로 가장 거리가 먼 것은?

① 화훼는 관상을 대상으로 하는 초본식물을 포함한다.
② 화훼는 이용 목적에 따라 절화식물, 분식물, 정원식물 등으로 나눌 수 있다.
③ 화훼는 목본식물을 제외한 관상용 식물을 말한다.
④ 화훼의 분류는 식물학적 분류 및 원예학적 분류 등으로 구분된다.

정답　01 ②　02 ①　03 ④　04 ③　05 ①　06 ③

07 다육 식물이 아닌 것은?
① 용설란
② 유카
③ 칼랑코에
④ 맥문동

08 잎의 구조에 대한 설명으로 틀린 것은?
① 잎은 잎새, 잎자루, 턱잎 세부분으로 구성되어 있다.
② 쌍떡잎식물의 잎맥은 나란히맥이다.
③ 잎새는 잎의 중심부분이다.
④ 턱잎의 잎자루의 기부에 있는 일종의 부속기관이다.

09 숙근류에 대한 설명으로 틀린 것은?
① 파종해서 여러 해 동안 식물체가 살아남아 매년 개화 결실하는 것을 말한다.
② 국내 자생식물은 숙근류가 상대적으로 많다.
③ 거베라와 카네이션은 숙근류에 포함된다.
④ 가을에 파종하여 겨울을 난 후 봄에 꽃이 핀 다음 죽는 것도 숙근류로 볼 수 있다.

10 절화장식에 사용되는 화기로 적절하지 않은 것은?
① 병
② 테라리움 용기
③ 수반
④ 콤포트

11 한국의 결혼식장에서 주로 이용되는 화훼장식으로 가장 거리가 먼 것은?
① 주례단상 장식
② 화관
③ 화동의 꽃바구니
④ 십자가 장식

12 실내 공간 내 유해 휘발성물질, 특히 포름알데히드의 제거효과가 매우 큰 식물로 보스톤고사리로 불리는 것은?
① 스파티필름(Spathiphyllum wallisii)
② 개맥문동(Liriope spicata)
③ 벤자민고무나무(Ficus benjamina)
④ 네프로레피스(Nephrolepis exaltata)

13 물을 흡수할 수 있는 것과 흡수하지 못하는 것이 있고 식물에게 수분을 공급해 주는 역할과 고정시켜 주는 역할을 하는 것은?
① 플로랄 폼
② 침봉
③ 플라스틱 망
④ 라피아

14 분류상 칸나(Canna)가 속하는 과(科)명은?
① 분꽃과
② 홍초과
③ 백합과
④ 십자화과

정답 07 ④ 08 ② 09 ④ 10 ② 11 ④ 12 ④ 13 ① 14 ②

15 소재를 자르는 데 사용하는 도구에 대한 설명으로 틀린 것은?

① 칼은 가위보다 소재를 플로랄 폼에 단단히 고정되도록 한다.
② 칼은 가위보다 물을 빨아올리는 조직이 덜 파괴되게 한다.
③ 칼을 목본류를 자르는 전정용 도구로 사용된다.
④ 서양에서는 소재를 자를 때 대부분 가위보다 칼을 많이 사용한다.

16 구성형태 중 식물의 생태학적, 식물 사회학적인 것을 고려하여 디자인한 것은?

① 장식적 형태
② 선형적 형태
③ 도형적 형태
④ 식생적 형태

17 더치 플레미쉬(Dutch-flemish) 양식에 대한 설명으로 틀린 것은?

① 다양한 액세서리를 과일과 새둥지·조개껍질을 포함한 사치스러운 부케 주변을 장식하였다.
② '천송이 꽃'이라는 의미로 풍요로운 인상을 표현한다.
③ 17세기 네덜란드와 벨기에 화가들의 그림에서 보여지는 양식이다.
④ 이들 어레인지먼트는 헐겁거나 바로크 스타일처럼 개방적이지 않지만 비율이 적용되었고 더욱 컴팩트하게 만들었다.

18 절화보존제의 효과로 볼 수 없는 것은?

① 양분의 공급
② 에틸렌 발생 억제
③ 노화 촉진
④ 미생물 등의 발생 억제

19 선, 모양, 색, 질감 등의 요소에 점진적인 변화를 주어 디자인한 부분에서 다른 부분으로 시선을 유도하는 기법은?

① 쉐도잉(shadowing)
② 프레이밍(framing)
③ 시퀀싱(sequencing)
④ 클러스트링(clustering)

20 개더링(gathering)기법으로 한 송이 장미꽃에 다른 장미의 꽃잎을 붙여 큰 송이의 장미꽃처럼 만드는 것은?

① 빅토리안 로즈(Victorian rose)
② 더치스 튤립(Dutchess tulip)
③ 유칼리투스 로즈(Eucalytus rose)
④ 릴리멜리아(Lilymellia)

21 화훼식물의 수분부족 현상이 아닌 것은?

① 기공이 닫힌다.
② 뿌리털이 감소한다.
③ 영양결핍이 생긴다.
④ 잎이 시들고 심하면 말라 죽는다.

정답 15 ③ 16 ④ 17 ② 18 ③ 19 ③ 20 ① 21 ②

22 소재를 끈이나 여러 가지 묶는 재료를 사용하여 함께 감는 기법으로 주로 장식적 목적으로 사용되는 기법으로 맞는 것은?

① 바인딩(binding)
② 레이어링(layering)
③ 스테킹(stacking)
④ 밴딩(banding)

23 조형형태의 분류에서 형-선적 구성에 대한 설명으로 틀린 것은?

① 각 소재가 가지고 있는 형과 선을 뚜렷한 선과 각도로 대비시킨다.
② 소재 종류를 최소화한다.
③ 소재의 량을 최소화한다.
④ 작품의 윤곽이 명확치 않아서 선과 형을 강조하기 위한 공간이 넓을 필요는 없다.

24 소매상(화원)에서의 절화 취급 요령으로 가장 거리가 먼 것은?

① 구입한 절화는 구입 즉시 재절단 한다.
② 구입 즉시 신선한 수돗물을 받아 절화를 꽂은 후 실온에 보관한다.
③ 보존제를 처리할 때는 어떤 전처리제를 사용했는지 확인한다.
④ 절화는 저온 저장고에 보관한다.

25 화훼식물이 이용에 대한 설명으로 옳은 것은?

① 분식물은 용기와 토양, 식물 첨경물을 기본으로 구성된다.
② 분식물 장식은 배치되는 장소와 환경 조건은 중요하지 않다.
③ 관엽식물과 관화식물은 개화기에 일시적으로만 이용된다.
④ 분식물 표현 양식은 동양식과 서양식으로 나눌 수 없다.

26 식물의 노화 촉진 호르몬은 무엇인가?

① GA
② IAA
③ Ethylene
④ Daminozide

27 꽃을 가득 모아 줄기가 모이는 부분을 끈으로 묶어 다발로 묶은 형태를 무엇이라 하는가?

① 부케
② 리스
③ 갈란드
④ 콜라주

28 중심축을 기준으로 사방으로 균일하게 꽂는 형으로 가장 적합한 것은?

① 분리형
② 복합형
③ 방사선형
④ 부하형

29 아이비 잎에 철사를 사용하여 머리 핀 모양으로 구부려서 잎이나 꽃에 꽂아 보강하는 방법은?

① 헤어핀 방법
② 피어싱 방법
③ 크로싱 방법
④ 훅킹 방법

정답 22 ④ 23 ④ 24 ② 25 ① 26 ③ 27 ① 28 ③ 29 ①

30 서양식 절화장식의 구성 형식 중 가장 먼저 만들어진 구성 형식은?

① 선형적 구성
② 평행적 구성
③ 장식적 구성
④ 자연적 구성

31 전통 한국식 꽃꽂이의 특성이 아닌 것은?

① 자연에서 식물이 자라는 모습을 화기에 재현한 자연적인 구성이다.
② 나뭇가지의 선의 아름다움을 강조한다.
③ 대부분 사방형으로 제작한다.
④ 자연에서 식물이 자라는 형태는 직립형, 경사형, 하수형으로 나눌 수 있다.

32 클러스터링(clustering) 기법을 사용한 것은?

① 주의를 끌기 위해 밀짚을 다발로 묶었다.
② 아이비 잎을 조금씩 겹치게 여러 겹 배열했다.
③ 솔리다스터를 모아 짧게 질러 뭉치로 모아 꽂았다.
④ 장미를 밝은 색에서 어두운 색으로 배열하며 꽂았다.

33 신부 부케에 대한 설명으로 가장 거리가 먼 것은?

① 신부의 외적요인과 결혼식의 형식 등 여러 조건에 영향을 받아 디자인한다.
② 신부 부케는 원형, 폭포형, 삼각형, 초생달형, S자형, 링형 등 다양한 형태로 만들 수 있다.
③ 신부 부케의 수명은 하루이므로 꽃의 증산작용이 활발해야 한다.
④ 철사로 만들어지는 신부 부케에는 난류와 다육질의 꽃이 선호된다.

34 온주성(溫周性)의 설명으로 옳은 것은?

① 열대식물이 갖는 독특한 온도 반응
② 따뜻한 기온이 식물의 생육에 좋은 영향을 미치는 현상
③ 기온이 변화하는 주기가 생육에 영향을 미치는 현상
④ 싸늘한 기온이 식물의 생육에 좋은 영향을 미치는 현상

35 식물의 광합성은 잎의 엽록체에서 대기중으로부터 기공을 통해 흡수한 (a)와 뿌리로부터 흡수한 (b)을/를 재료로 광에너지를 이용해 탄수화물을 합성하는 것이다. (a)와 (b)에 알맞은 것은?

① (a) 산소, (b) 질소
② (a) 이산화탄소, (b) 물
③ (a) 수소, (b) 붕소
④ (a) 아황산가스, (b) 칼륨

정답 30 ③ 31 ③ 32 ③ 33 ③ 34 ③ 35 ②

36 분식물은 기본적으로 용기와 토양, 식물, 첨경물로 구성되는데, 다음 중 디쉬가든 장식에 적합하지 않은 것은?

① 접시처럼 넓고 얕은 용기
② 키가 작은 식물
③ 생육속도가 빠른 식물
④ 뿌리가 깊게 뻗지 않는 식물

37 물이 흐르는 모습과 가장 거리가 먼 디자인은?

① 워터폴(waterfall) 스타일
② 호가스(hogarth) 스타일
③ 캐스케이드(cascade) 스타일
④ 샤워(shower) 스타일

38 방향성 식물을 주로 사용하는 화훼장식품은?

① 콜라주
② 포푸리
③ 테라리움
④ 토피아리

39 화훼를 삽목할 때에는 많이 사용하며 배수가 가장 잘되는 토양은?

① 참흙(양토)
② 자갈(역토)
③ 모래(사토)
④ 질흙(점토)

40 화훼장식을 위한 식물소재의 관리에 대한 설명으로 틀린 것은?

① 절화는 구입 후 충분히 물을 흡수하여 신선하면서 적절하게 개화되도록 한다.
② 분식물은 구입 후 적절한 온도와 광선 환경을 유지해 주고 적절한 관수를 한다.
③ 절화는 수명 연장을 위해 가능한 절화 보존제 처리를 해 주도록 한다.
④ 분식물은 장식 후 잘 견딜 수 있도록 물을 주지 않으면서 순화를 시킨다.

41 압화 장식에 대한 설명으로 틀린 것은?

① 꽃잎, 나뭇잎, 가지, 줄기 등을 본래의 색은 유지하면서 누르고 건조시켜 장식하는 것을 말한다.
② 대상 장식물에 대해 입체적인 느낌이 강조된다.
③ 식물의 표본을 만들기 위해 만든 것이 그 기원으로 영국의 빅토리아 여왕시대에 장식문화로서 본격적으로 시작되었다.
④ 압화 장식의 기법에는 꽃 염료 올리기 기법, 필름지를 이용한 코팅기법, 액자를 이용한 기법 등이 있다.

정답 36 ③ 37 ② 38 ② 39 ③ 40 ④ 41 ②

42 비더마이어(biedermeier)에 대한 설명으로 옳은 것은?

① 꽃들을 빈 공간 없이 촘촘하게 배열하여 원추형이나 반구형(Dome)으로 조형한다.
② 수천송이의 꽃이란 의미가 있다.
③ 네덜란드 화풍에서 나온 디자인이다.
④ 물이 흐르는 듯한 모양으로 꽂는다.

43 다음 그림과 같은 디자인 원리는?

① 율동(Rhythm)
② 통일(Unity)
③ 균형(Balance)
④ 조화(Harmony)

44 화훼디자인을 함에 있어 설계는 아주 중요한데, 설계도면을 그리면서 주의해야 할 점이 아닌 것은?

① 정면도와 평면도를 정확한 치수로 제도하는 것이 중요하다.
② 형태를 분명하게 나타내기 위해 색채를 진하게 칠한다.
③ 전체의 도안은 우선 연필로 그리고, 그 후 꽃과 잎사귀들은 유성 펜으로 그린다.
④ 척도와 치수, 테마, 이름 등은 펜으로 도면에 기입한 후 연필로 그린 초안을 지운다.

45 사군자에 해당되지 않는 것은?

① 왕대 ② 오죽
③ 황매화 ④ 국화

46 화훼장식 디자인의 원리와 요소에 대한 설명으로 틀린 것은?

① 색(color)은 유일하게 촉각에 호소하는 요소로서 균형, 깊이, 강조, 리듬, 조화와 통일을 이루는 데 사용된다.
② 균형(balance)은 물리적 균형과 시각적 균형이 모두 존재할 때 안정감을 준다.
③ 디자인을 완성시키는 데 있어서는 시간, 장소, 목적을 존재할 때 안정감을 준다.
④ 디자인의 압도적인 느낌을 주도하며 흥미를 유발하는 시각적 활동의 중심을 초점이라 한다.

47 한국의 전통적인 꽃예술의 성격과 거리가 먼 것은?

① 생활공간의 장식
② 의식으로서의 헌화와 공화
③ 심신의 수련
④ 사회적 변화의 적응

정답 42① 43③ 44② 45③ 46① 47④

48 디자인의 원리의 설명으로 틀린 것은?

① 반복에서 동감(動感)을 느낀다.
② 리듬은 선의 고조, 대소, 반복에서 느낀다.
③ 유사(類似) 조화는 공통점이 없어 조화하기 쉽다.
④ 통일이란 각 부분이 전체적인 부분으로 완성되어 가는 것이다.

49 수분함량이 많은 꽃의 이상적인 건조방법은?

① 글리세린 건조법
② 동결건조법
③ 자연건조법
④ 실리카겔 건조법

50 물체의 형태를 더욱 강하게 표현하며, 면적은 없지만 방향이 있으며, 방향에 따라 감정을 표현할 수 있는 요소는?

① 점 ② 선
③ 면 ④ 명암

51 먼셀(Albert H. Munsell) 색표계의 색을 표시하는 기호로 바른 것은?

① H C/V
② V H/C
③ C V/H
④ H V/C

52 크기가 차이가 있는 알리움을 나란히 연속적으로 꽂음으로서 얻을 수 없는 것은?

① 통일 ② 강조
③ 리듬 ④ 변화

53 화훼식물의 재배와 관리에 대한 강희안의 저서는?

① 임원십육지
② 양화소록
③ 동국세시기
④ 오주연문장전산고

54 통일신라시대의 석굴암 십일면관음보살 입상에 나타난 헌공화의 형태는?

① 타원형
② 삼각형
③ 직사각형
④ 정사각형

55 가법혼색(additive color mixture)의 삼원색에 속하는 색이 아닌 것은?

① 파랑색(Blue)
② 노랑색(Yellow)
③ 빨강색(Red)
④ 녹색(Green)

정답 48 ③ 49 ② 50 ② 51 ④ 52 ② 53 ② 54 ① 55 ②

56 꽃을 자연 건조할 경우 고려해야 될 조건으로 틀린 것은?

① 햇빛이 비추는 개방된 곳이 좋다.
② 꽃의 성숙정도는 활짝 피기 전이 좋다.
③ 장소는 서늘하며 통풍이 잘 되어야 한다.
④ 먼지, 바람, 수분 등을 피하는 것이 좋다.

57 꽃의 건조방법에 대한 설명으로 틀린 것은?

① 열풍건조는 열풍건조기를 이용하여 많은 건조화를 생산하며, 꽃을 빠르게 건조시키면서 변색이 적고 형태 유지가 가능하다.
② 동결건조는 형태와 색상이 그대로 유지되고, 공기 중의 수분흡수가 적어 밀폐되지 않은 공간장식에 많이 이용된다.
③ 실리카겔을 이용한 매몰건조는 형태와 색상변화가 적으나 공기 중 수분을 쉽게 흡수하므로 밀폐공간이나 피막처리하여 장식해야 한다.
④ 누름건조를 이용한 건조화를 누름꽃이라 하고, 밀폐용 액자와 평면장식에 이용된다.

58 디자인 요소와 관련된 설명으로 틀린 것은?

① 물체선(actual line)은 실제 존재하는 선으로 시각적인 운동감을 만들어 낸다.
② 향기는 화훼장식에 있어서 형태, 질감 등과 마찬가지로 하나의 요소로 강조되면서도 필수적인 요소로는 거리가 있다.
③ 독특한 꽃이나 식물은 쉽게 focal point를 만들어 주의를 끌 수 있으며, 이러한 강조된 형태가 뚜렷하게 보이기 위해서는 주위 공간의 여백을 가급적 두지 않는다.
④ 꽃꽂이에서 깊이감을 연출하기 위해서는 줄기 선의 각도조절 및 꽃을 겹치게 하는 방법이 주로 쓰인다.

59 화훼장식이 미치는 심리적 기능의 설명으로 틀린 것은?

① 편안함과 안정감을 준다.
② 서양에서는 인격형성에 화도, 다도, 서도의 3도를 이용해 왔다고 볼 수 있다.
③ 식물이나 꽃으로 인해 스트레스도 해소되고 분노감이 줄어든다.
④ 사람의 오감을 만족시켜 정서함양에 도움이 된다.

60 현대 화훼장식에 대한 설명으로 옳은 것은?

① 전통적인 꽃꽂이 개념을 유지, 고수하고 있다.
② 꽃을 이용한 장식의 범위가 실내 환경으로 변하였다.
③ 화훼장식의 목적이 용도별, 주제별, 기능별로 다양화되었다.
④ 일관된 형식으로 장식적인 목적을 만족시키고 있다.

정답 56 ① 57 ② 58 ③ 59 ② 60 ③

화훼장식기능사 5년간 기출문제 4회

01 화훼류의 형태에 대한 설명으로 틀린 것은?

① 잔디와 같은 벼과식물은 줄기(대)를 싸고 있는 엽초(잎집)와 엽신(잎몸)으로 구성되어 있다.
② 쉐프렐라 아보리콜라는 장상복엽(掌狀複葉)으로 구성되어 있다.
③ 콩과식물인 등나무는 우상복엽(羽狀複葉)으로 되어 있다.
④ 팔손이는 여덟(8) 개의 우상엽(羽狀葉)으로 되어 있다.

02 시중의 화원에서 흔히 보스톤이라고 부르는 식물은 어떤 식물의 변종이다. 정확한 식물종의 명칭은?

① 칼라
② 글라디올러스
③ 안수리움
④ 네프로레피스

03 화훼장식에 철사를 사용하는 목적으로 틀린 것은?

① 약한 줄기를 보강하기 위해서이다.
② 원하는 지점에 꽃과 잎을 고정하기 위해서이다.
③ 코사지나 꽃꽂이에 액세서리를 덧붙이기 위해서이다.
④ 부케를 만들 때 줄기의 부피를 크게 하기 위해서이다.

04 다음 중 일년초 화는?

① 맨드라미
② 속새
③ 범부채
④ 옥잠화

05 다음 중 백합과 식물이 아닌 것은?

① 드라세나 골든킹
② 아스파라거스 플루모서스
③ 옥잠화
④ 프리지아

06 다음 중 화훼에 대한 설명으로 가장 옳은 것은?

① 관상가치가 있는 꽃나무와 화초를 뜻하는 말이다.
② 꽃나무와 화초를 관상가치가 있도록 꾸미는 것이다.
③ 원예의 한 분야로 꽃나무와 화초를 이용하는 것이다.
④ 원예의 한 분야로 꽃나무와 화초를 생산하는 것이다.

정답 01 ④ 02 ④ 03 ④ 04 ① 05 ④ 06 ①

07 화훼장식에 사용되는 도구 중 고정테이프는 언제 사용되는가?
① 꽃의 머리를 고정시키기 위해 사용한다.
② 플로랄 폼을 용기에 고정시키기 위해 사용한다.
③ 부토니아를 와이어링 처리할 때 사용한다.
④ 코사지를 몸에 부착시킬 때 사용한다.

08 플로랄 폼의 특징에 대한 설명으로 틀린 것은?
① 플로랄 폼은 꽃꽂이 할 때 꽃을 고정하기 편리하다.
② 플로랄 폼은 폐기 시 쓰레기 문제를 일으킨다.
③ 플로랄 폼은 크기와 모양이 다양하다.
④ 플로랄 폼은 경도가 다양하지 못해 단단하고 무거운 꽃을 꽂기에는 부적합하다.

09 화훼의 이용형태와 화훼종류가 바르게 짝지워지지 않은 것은?
① 절화용 – 국화, 스타티스
② 분식용 – 포인세티아, 칼랑코에
③ 화단용 – 팬지, 매리골드
④ 절지 절엽용 – 파초일엽, 시네라리아

10 구근아이리스의 학명은 Iris × hollandica이다. 가운데 × 표시는 무엇을 뜻하는가?
① 종간교배종이라는 뜻이다.
② Iris와 hollandica와의 교배하였다는 것을 표시한 것이다.
③ 속 간 교배에 의하여 생긴 종이란 뜻이다.
④ holland종과 indica종과의 교배종임을 뜻한다.

11 화훼장식을 할 때 사용하는 이용도구 중 절화를 지지하는데 사용되는 재료가 아닌 것은?
① 회전판 ② 플로랄 폼
③ 침봉   ④ 철망

12 몬스테라, 스프링게리, 드라세나, 둥굴레, 엽란 등을 꽃꽂이 소재로 사용할 때의 용도별 분류군은?
① 절화식물 ② 절지식물
③ 절엽식물 ④ 건조화 소재

13 다음 식충식물 중 포충낭을 가지고 있는 것은?
① 네펜데스
② 끈끈이주석
③ 벌레잡이 제비꽃
④ 파리지옥

정답 07 ② 08 ④ 09 ④ 10 ① 11 ① 12 ③ 13 ①

14 다음 화훼류 중 덩굴성식물(만경식물)로 짝 지워진 것은?

① 클레마티스 – 능소화
② 등나무 – 만병초
③ 부겐빌레아 – 자금우
④ 마삭줄 – 알로카시아

15 다음 중 기생 또는 착생식물로만 묶어진 것은?

① 틸란드시아, 석곡, 반다, 나도풍란
② 고무나무, 쉐프렐라, 디펜바키아, 남천
③ 인동덩굴, 아이비, 필로덴드론 옥시카르디움, 마삭줄
④ 수호초, 선인장류, 유카, 테이블야자

16 페더링(feathering)기법에 대한 설명으로 틀린 것은?

① 코사지나 터지머지(tuzzy-muzzy) 등과 같은 섬세한 디자인을 할 때 사용된다.
② 카네이션, 국화 등의 꽃잎을 여러 장 겹쳐서 감아 주는 기법이다.
③ 하나하나의 꽃잎을 조합하여 큰 꽃을 만드는 기법이다.
④ 꽃잎을 분해하여 새의 깃털처럼 처리한다고 하여 붙여진 이름이다.

17 다음 중 절화줄기 기부를 끓는 물에 수초간 넣었다 빼내는 열탕처리가 수명연장에 가장 효과가 있는 화훼류는?

① 튤립
② 포인세티아
③ 안개초
④ 카네이션

18 식물의 노화를 촉진하는 원인이 아닌 것은?

① 양분 부족
② 수분 부족
③ 사이토카이닌(cytokinin) 생성
④ 에틸렌(ethylene) 생성

19 신부부케에 대한 설명으로 틀린 것은?

① 부케의 손잡이는 몸 선과 나란히 포컬 포인트(focal point)를 다소 위로 향하게 하면 아름답다.
② 부케는 양손으로 힘 있게 잡고 꽃의 표정은 아래를 보도록 한다.
③ 자연줄기로 만든 부케나 소품으로 만든 부케는 편안한 모습으로 자연스럽게 드는 것이 매력적이다.
④ 프레젠테이션(presentation)부케는 한 손으로는 꽃을 안은 듯 들고 나머지 손은 꽃다발 줄기를 잡은 듯 가볍게 든다.

20 식물이 자연에서 자라는 모습과는 관계없이 디자이너의 의도대로 자유롭게 재구성하여 장식성을 높인 구성 형식은?

① 선형적 구성
② 식생적 구성
③ 장식적 구성
④ 그래픽적 구성

정답 14 ① 15 ① 16 ③ 17 ① 18 ③ 19 ② 20 ③

21 다음 중 수확 후 절화수명에 관여하는 수확 전 재배기간 동안의 요인으로 거리가 가장 먼 것은?

① 광량
② 사용한 농기구
③ 시비량
④ 온도

22 진주암을 1000℃ 이상으로 가열하여 입자내 공극을 팽창시킨 것으로 염기치환 용량은 상당히 낮은 원예용토는?

① 하이드로볼   ② 버미큘라이트
③ 암면   ④ 펄라이트

23 플라워디자인 작품이나 상품을 제작할 때 고려해야 할 사항이 아닌 것은?

① 장식하는 장소와 환경을 고려한다.
② 생생한 아름다움이 느껴지도록 마무리한다.
③ 장식원예 보조용구를 사용하지 않는 것이 좋다.
④ 예비소재를 준비해 둔다.

24 꽃다발 등을 만들 때 철사 대신에 묶는 용도로 이용하거나 장식용으로 쓰이는 자연 소재로 적합한 것은?

① 다래덩굴
② 라피아
③ 플로랄 테이프
④ 방수 테이프

25 다음 중 절화 수명연장을 위한 방법이 아닌 것은?

① 자르는 면을 비스듬히 하여 재절단한다.
② 물에 잠기는 줄기의 아랫부분 잎을 제거한다.
③ 대사에 필요한 자당을 넣어 준다.
④ 쇠로 된 용기에 담아 보관한다.

26 평면적인 화면에 입체적인 생화나 건조 소재 등의 소재를 반평면적으로 배치하여 표현하는 장식물은?

① 갈란드   ② 콜라쥬
③ 리스   ④ 형상물

27 테라싱(terracing) 기법에 대한 설명으로 옳은 것은?

① 동일한 소재들을 어느 정도의 공간을 두며 계단처럼 층층이 쌓는다.
② 줄기가 짧은 재료들을 한데 모아 쿠션 또는 언덕의 효과를 내는 것이다.
③ 소재를 서로 간의 공간 없이 겹겹이 차곡차곡 쌓는다.
④ 소재를 마사지하여 유연하게 만드는 기법이다.

정답 21② 22④ 23③ 24② 25④ 26② 27①

28 다음에서 설명하는 동양식 절화장식은?

- 화기를 2개 이상 반복적으로 배치하여 하나의 작품이 되도록 구성한다.
- 하나하나 독립된 특성과 완성미를 나타낸다.
- 같이 연결되어 있을 때 더욱 효과적인 조화 의미를 표현할 수 있다.

① 분리형　② 경사형
③ 전개형　④ 복합형

29 형과 선을 강조하는 하이스타일 디자인으로 아르데코라 불리는 비대칭형 장식은?

① 보케(boeket)
② 스트라우스(strauss)
③ 부케(bouquet)
④ 포멀 리니어(formal linear)

30 베이싱(basing)에 대한 설명으로 옳은 것은?

① 작품의 기초가 되는 밑 부분에 사용하는 기법을 말한다.
② 유사한 꽃 크기, 색 등으로 이루어지는 기법이다.
③ 재료의 특성이 강한 것은 사용하지 않는다.
④ 소재들 사이에는 공간이 있어서는 안 된다.

31 구조적(structure) 디자인의 설명이 아닌 것은?

① 대칭과 비대칭의 질서를 유지하면서 형과 선을 명확하게 표현한다.
② 소재표면의 조직이나 재질감(texture)이 드러난다.
③ 하나하나 조밀하게 구성하여 여러 겹으로 포개놓은 형태이다.
④ 잎 소재를 여러 겹 겹쳐 쌓아서 만든 작품들이 대부분 포함된다.

32 절화의 온도가 30℃에서 10℃로 낮아지면 무엇이 1/3~1/6로 느려져 신선도를 유지하는가?

① 호흡속도
② 에틸렌 발생속도
③ 에틸렌 억제량
④ 이산화탄소 발생속도

33 교차선의 아름다움을 강조한 디자인에 대한 설명으로 가장 옳은 것은?

① 여러 개의 초점에서 나온 줄기의 선이 각기 여러 방향으로 뻗는다.
② 줄기가 모두 같은 방향으로 나란히 뻗어있다.
③ 줄기를 짧게 잘라 꽃송이나 꽃잎만을 사용한다.
④ 일초점을 갖는다.

정답　28 ④　29 ④　30 ①　31 ①　32 ①　33 ①

34 방향성 식물의 꽃, 잎, 줄기, 열매 등의 방향성 부위를 건조시켜 용기에 담거나 주머니에 넣어 공간에 배치하거나 몸에 지니기도 하는 장식물은?

① 드라이 플라워
② 포푸리
③ 허브
④ 아로마테라피

35 같은 재료는 모아주면서 다른 재료는 서로 공간을 두어 겹치지 않게 구획정리를 해 주는 표현기법은?

① 조닝(zoning)
② 그룹핑(grouping)
③ 쉐도잉(shadowing)
④ 프레밍(framing)

36 다음 중 일반적으로 신부부케 제작 시 요구되는 사항으로 가장 옳은 것은?

① 신부부케는 들고 다니기 편리하게 반드시 부케홀더를 사용한다.
② 색상은 신부의 체형, 키, 피부색, 웨딩드레스 등에 맞도록 제작한다.
③ 형태는 되도록 크고 늘어지게 한다.
④ 색상은 대단히 화려하고 눈에 띄는 큰 꽃으로 한다.

37 다음 중 국화의 수명을 연장하는데 가장 많이 사용되는 물리적 처리방법은?

① 열탕 처리
② 탄화 처리
③ 호르몬 처리
④ 펌프 주입

38 절화의 노화원인 중 관련이 가장 먼 것은?

① C/N율 저하
② 수분균형 불량
③ 에틸렌에 노출
④ 호흡에 의한 양분소모

39 코사지에 대한 설명으로 틀린 것은?

① 코사지는 신체장식의 하나이다.
② 가슴부위에 다는 것만 코사지라고 한다.
③ 다는 사람의 이미지와 맞는 소재, 크기를 선택한다.
④ 주 소재가 코사지를 달고 있는 사람을 향하도록 한다.

40 다음과 같은 고려사항이 요구되는 유러피언 스타일(european style)의 디자인은?

- 세 개의 서로 다른 크기의 그룹(주, 역, 부)으로 구성되는 비대칭적 질서가 일반적이다.
- 자연에서 보듯 생장점(출발점)이 종종 화기 안에 한 점에 있는 듯이 보인다.
- 꽃의 가치효과와 운동성, 색상, 용기선택 등을 고려해야 한다.

① 식생형(vegetative)
② 장식형(decorative)
③ 형-선형적 구성(formal-linear)
④ 병행형(parallel)

정답 34② 35① 36② 37① 38① 39② 40①

41 시큐어링 메소드(securing method)의 설명으로 옳은 것은?

① 사용한 철사가 약하거나 짧을 때 더욱 단단하게 보강하기 위하여 사용하는 방법이다.
② 꽃의 약한 줄기를 보강해 주거나 줄기를 구부릴 때 그 줄기를 보강하기 위하여 사용하는 방법이다.
③ 줄기가 약하거나 속이 비어 있는 상태의 꽃을 똑바로 세우거나 반대로 줄기를 곡선으로 만들기 위하여 사용하는 방법이다.
④ 씨방이나 꽃받침부분의 줄기에 직각이 되게 찔러 넣고 두 가닥 되게 구부리는 방법이다.

42 다음 중 황금비 1 : 1.618 과 가장 거리가 먼 것은?

① 3 : 5
② 5 : 8
③ 8 : 13
④ 13 : 26

43 다음 중 보색대비의 조화로 이루어진 것은?

① 빨강 – 녹색
② 주황 – 보라
③ 노랑 – 파랑
④ 보라 – 연두

44 다음 중 화훼 장식의 디자인적 요소가 아닌 것은?

① 균형
② 형태
③ 질감
④ 공간

45 고구려 5~6세기의 쌍영총벽화에 나타난 화훼장식의 형태가 아닌 것은?

① 좌우 대칭형이다.
② 직선과 곡선의 구성이다.
③ 직립한 소재가 중심을 이룬다.
④ 작약을 중심에 꽂아 두었다.

46 식물재료의 시각적 느낌 중 무거운 느낌이 드는 것끼리 모아진 것은?

① 크다 – 매끄럽다 – 밝다
② 크다 – 거칠다 – 어둡다
③ 작다 – 부드럽다 – 밝다
④ 작다 – 뾰족하다 – 차갑다

47 NCS(natural color system) 색체계에 대한 설명 중 틀린 것은?

① NCS 기본 색상은 노랑, 빨강, 파랑, 녹색 4가지이다.
② 스웨덴에서 개발된 것으로 색을 논리적으로 해석한 것이다.
③ 흰색량 + 검정색량 + 순색량의 합은 100이다.
④ 2gc, 14ic, 8ea 등의 기호로 색을 표시한다.

정답 41② 42④ 43① 44① 45④ 46② 47④

48 다음 중 구심적 공간의 특징으로 옳은 것은?

① 양성적이고, 수렴성이 있는 공간이다.
② 분산적이며, 힘이 없는 공간이다.
③ 소극적이며, 자연발생적 공간이다.
④ 무계획하고, 우연히 발생하는 공간이다.

49 건조소재의 보존방법으로 틀린 것은?

① 습기가 적은 곳에 보관한다.
② 온도가 낮은 곳에 보관한다.
③ 햇빛이 잘 드는 곳에 보관한다.
④ 통풍이 잘 되는 곳에 보관한다.

50 빨강, 주황, 노랑, 초록, 파랑, 남색, 보라 등과 같이 빛의 파장에 의해 나타나는 색채를 무엇이라 하는가?

① 명도　　② 채도
③ 색상　　④ 색상환

51 색광의 3요소에 해당하지 않는 것은?

① 빨강　　② 노랑
③ 녹색　　④ 파랑

52 색의 흐림이나 선명함을 나타내는 값으로 색의 순수한 정도를 무엇이라고 하는가?

① 색상　　② 채도
③ 명도　　④ 명암

53 다음은 화훼장식 디자인 원리 중 균형에 관한 설명이다. 이에 해당 되는 것은?

> 중심축을 기준으로 양쪽에 같은 형태나 질감 그리고 동일한 컬러를 가진 물체를 마치 거울에 비추어진 것과 같이 배열하여 시각적으로 편안하고, 안정적인 무게감을 준다. 그러므로 주로 공식적이고 위엄을 강조하는 관공서 건물이나 종교관련 건축물에 주로 응용되어 진다.

① 대칭균형　　② 비대칭균형
③ 색의균형　　④ 통일감

54 절화장식에 관한 설명으로 옳은 것은?

① 절화장식은 꽃꽂이로 많이 알려져 있으며 오늘날의 절화장식은 전통을 고수하는 방식으로 이루어지고 있다.
② 꽃다발, 갈란드, 리스, 형상물, 콜라쥬, 압화장식, 포푸리 등이 있다.
③ 대부분의 절화장식물의 줄기는 방사선으로 배열되며 줄기를 짧게 잘라 꽃으로만 배열하기도 한다.
④ 절화장식은 주로 실내에서 이용하며 주소재가 목본식물이며 장식기간이 일시적이다.

정답 48 ① 49 ③ 50 ③ 51 ② 52 ② 53 ① 54 ②

55 더치 플레미쉬 디자인(dutch flemish design)에 대한 설명으로 틀린 것은?

① 컴팩트한 디자인이다.
② 많은 종류의 꽃과 많은 색상들을 사용하였다.
③ 식물소재 이외의 사용은 가능한 금지하였다.
④ 다양한 질감, 풍부한 색상이 디자인의 완성도를 높였다.

56 먼셀의 색체계에 대한 색의 설명으로 옳지 않은 것은?

① 먼셀색상환은 빨강, 노랑, 파랑 3색을 기본으로 한다.
② 무채색은 0에서 10 즉, 11단계로 구분하며, 색상은 없다.
③ 색은 무채색에 가까워질수록 채도가 낮아진다.
④ 적색(Red) 원색의 채도는 가장 낮은 단계를 1도로 하고 가장 높은 단계를 14도로 한다.

57 건조화를 만드는 과정에서 글리세린을 처리하는 이유로 가장 적당한 것은?

① 건조 후 재료의 부스러짐을 예방하기 위해서
② 질감을 다르게 하기 위해서
③ 건조 시 색이 변하는 것을 방지하기 위해서
④ 건조 후 향을 별도로 첨가하지 않기 위해서

58 고려시대 꽃문화에 대한 설명으로 틀린 것은?

① 불교가 융성함에 따라 꽃문화가 크게 발전하였다.
② 초기에는 고구려의 영향을 받아 삼존형식이 주류를 이루었다.
③ 고려시대까지는 꽃꽂이가 수반이나 화기에만 꽂아졌다.
④ 꽃병으로 청자가 사용되었다.

59 색채를 표현할 때 일반적으로 조화가 잘되고 배색이 가장 아름다울 때의 비율은?

① 주색 50%, 보조색 30%, 강조색 20%
② 주색 70%, 보조색 25%, 강조색 5%
③ 주색 60%, 보조색 20%, 강조색 20%
④ 주색 60%, 보조색 35%, 강조색 5%

60 리듬(Rhythm)감을 주는 방법이 아닌 것은?

① 꽃과 꽃의 간격
② 선의 높고 낮음
③ 동일한 소재의 동일한 색상과 명암
④ 소재의 질감 변화

정답 55 ③ 56 ① 57 ① 58 ③ 59 ② 60 ③

화훼장식기능사 5년간 기출문제 5회

01 플라스틱 핀 홀더에 대한 설명으로 가장 옳은 것은?
① 스케일이 큰 디자인에 사용한다.
② 용기 바닥에 접착 점토를 사용하여 고정한다.
③ 철사를 감은 후에 그 위에 감아 준다.
④ 용기 속에 말아 넣어 줄기를 고정한다.

02 난꽃의 특징에서 나타나는 용어가 아닌 것은?
① 꽃술대(예주)   ② 순판
③ 약모   ④ 통상화

03 용도에 맞는 철사 사용에 대한 설명으로 틀린 것은?
① 철사 처리는 단정한 기법으로 제작되어야 한다.
② 연약한 꽃과 잎에 사용되는 철사는 30~32번이 적당하다.
③ 가벼운 소재에 사용할수록 표준치수의 수치가 큰 것을 사용한다.
④ 재료를 받쳐 지탱할 수 있을 만큼 되도록 굵은 철사를 사용한다.

04 장례의식에서 화훼장식에 대한 설명으로 틀린 것은?
① 외국에서는 묘지 앞에 꽃을 심거나 장식하는 일이 많다.
② 서양의 풍습에서 관 속에 화훼장식을 하지 않았었다.
③ 한국의 장례식에 사용되는 꽃의 색상은 대부분 흰색과 노란색이 주를 이룬다.
④ 외국에서의 장례식용 화환은 리스나 십자가, 별, 하트 등의 형태가 선호된다.

05 결혼식용 화훼장식으로 가장 적합하지 않은 것은?
① 부토니어   ② 코사지
③ 콜라주   ④ 부케

06 절화장식 작업 시 칼의 장점이 아닌 것은?
① 절단면이 깨끗하게 잘린다.
② 절단작업이 빠르다.
③ 나뭇가지를 주로 이용한다.
④ 휴대가 간편하다.

07 변형된 잎이 아닌 것은?
① 선인장의 가시
② 생이가래의 잎
③ 네펜데스의 포충낭
④ 금잔화의 잎

정답 01② 02④ 03③ 04② 05③ 06③ 07④

08 화훼재료의 엽서(잎차례)의 연결이 틀린 것은?

① 윤생엽 – 아스플레니움, 칼라데아, 사스피레
② 호생엽 – 둥굴레, 송악, 느티나무
③ 대생엽 – 소철, 마가목, 주목
④ 근생엽 – 앵초, 맥문동, 민들레

09 화훼의 이용형태에 관한 설명으로 연결이 틀린 것은?

① 생산화훼 – 영리를 목적으로 한다.
② 생산화훼 – 절화, 절엽, 절지, 분화, 종묘, 화단묘가 해당된다.
③ 취미원예 – 판매를 목적으로 하지 않는다.
④ 후생화훼 – 가정원예, 실내원예, 베란다원예, 생활원예가 해당된다.

10 부케를 제작할 때 와이어와 줄기가 분리되는 것을 방지하거나, 와이어를 감추기 위해 사용하는 자재는?

① 플로랄 테이프
② 생화용 접착제
③ 오아시스 테이프
④ 케이블 타이

11 다음 중 초화류의 분류 중 구근류가 아닌 것은?

① 나리   ② 칼랑코에
③ 크로커스   ④ 아네모네

12 우리나라에서 노지숙근 초화류로 분류되지 않는 것은?

① 국화   ② 제라늄
③ 꽃창포   ④ 옥잠화

13 습기가 많은 토양조건에서 잘 자라는 식물이 아닌 것은?

① 바위솔   ② 알로카시아
③ 낙우송   ④ 토란

14 다음 중 일장에 따른 구분에서 단일성 식물 화훼인 것은?

① 국화   ② 글라디올러스
③ 시네나리아   ④ 금어초

15 화훼에 대한 설명으로 가장 옳은 것은?

① 화훼는 관상식물로 초본식물만을 의미한다.
② 화훼의 '훼'는 꽃의 배경을 이루는 푸른 바탕을 뜻한다.
③ 실용적으로 절화와 분화를 화훼로 규정한다.
④ 한국의 일인당 꽃 소비액은 일본에 비해 10% 수준이다.

정답 08 ① 09 ④ 10 ① 11 ② 12 ② 13 ① 14 ① 15 ②

16 다음 중 절화의 물올림을 좋게 하기 위한 방법 중 틀린 것은?

① 수중절단 한다.
② 초본류의 경우 줄기 기부를 짓이기는 것이 좋다.
③ 잎을 적당히 제거하여 적절한 엽면적을 유지토록 한다.
④ 살균제가 함유된 용액에 담근다.

17 절화를 물에 꽂을 때 줄기의 절단면은 어떤 상태인 것이 수분 흡수가 많고 좋은가?

① 망치로 찧어 줄기 끝을 뭉갠 것
② 수평면으로 자른 것
③ 사선으로 자른 것
④ 어떤 상태든 상관없다.

18 절화의 수분 흡수 촉진 방법으로 틀리게 연결된 것은?

① 국화 – 열탕처리
② 칼라 – 탄화처리
③ 라일락 – 열탕처리
④ 장미 – 펌프주입

19 다음 중 방사상 구성으로 이루어진 형태가 아닌 것은?

① 반구형　② 역T자형
③ 병렬형　④ 수평형

20 다음 중 디자인 기법에 대한 설명이 알맞게 짝지어진 것은?

① 스테킹 – 같은 크기의 소재들을 공간 없이 순서대로 차곡차곡 위로 쌓아가는 기법
② 바인딩 – 디자인의 아랫부분을 차지하는 지지체를 가리기 위한 기법
③ 프레이밍 – 소재의 색상과 종류를 구역화해 주는 기법
④ 레이어링 – 3개 이상의 소재 줄기를 함께 묶어 주는 기법

21 장식적으로 잘라낸 정원수로부터 유래한 것으로 장대 위에 구형으로 디자인한 장식은?

① 레이　　② 페스턴
③ 팬던트　④ 토피어리

22 절화의 특성에 대한 설명으로 틀린 것은?

① 다양한 색과 모양, 향기를 가지는 꽃에 관상 가치를 둔다.
② 분화류보다 감상 기간이 길다.
③ 뿌리 없이 줄기로 양분과 수분을 흡수한다.
④ 수확 후 관리와 신선도 유지가 중요하다.

정답　16 ②　17 ③　18 ④　19 ③　20 ①　21 ④　22 ②

23 절화 생리에 대한 설명 중 옳지 않은 것은?

① 일반적으로 저온에 두면 오랫동안 신선도를 유지할 수 있다.
② 일반적으로 여름에 수확한 절화가 겨울에 수확한 것에 비해 수명이 길다.
③ 안수리움, 반다 등은 8℃이하의 저온에 두면 저온 장해를 받는다.
④ 온도가 높고 습도가 낮은 상태에서 절화를 보관하면 쉽게 시들어 관상할 수 있는 기간이 매우 짧아진다.

24 프랑스어로 발효시킨 항아리라는 뜻으로 말린꽃, 향기가 있는 식물, 잎, 과일껍질, 향료 등을 향기가 있는 기름을 첨가한 후 숙성시켜 사용하는 것은?

① 테라리움　② 비바리움
③ 포만다　　④ 포푸리

25 다음 디자인의 기법 중 베이싱(Basing)기법과 배치 형태가 유사한 것이 아닌 것은?

① 테러싱(Terracing)
② 파베(Pave)
③ 필로잉(Pillowing)
④ 쉐도잉(Shadowing)

26 어버이날을 상징하는 꽃으로 가장 적당한 것은?

① 국화　　② 카네이션
③ 백합　　④ 장미

27 절화수명 연장제의 설명으로 옳은 것은?

① 구성성분은 당분, 살균제, 에틸렌발생제, 산도조절제, 습윤제 등이다.
② 소매상이나 화훼장식가에 의해 처리되는 것을 후처리제라고 한다.
③ 식물생장 조절물질은 절화수명 연장제로 사용되지 않는다.
④ 수확 직후 재배자에 의해 처리되는 것을 후처리제라고 한다.

28 다음 중 절화의 수명이 짧아지는 원인이 아닌 것은?

① 수분 부족
② 박테리아 번식
③ 체내 양분 소모
④ 호흡량 감소

29 절화보존제로서 당의 특성이 아닌 것은?

① 기공의 기능을 높여주어서 수분 수지를 개선해 준다.
② 화색을 선명하게 유지시켜 준다.
③ 꽃잎의 세포 팽압을 떨어뜨린다.
④ 엽록소의 분해를 억제시킨다.

정답　23② 24④ 25④ 26② 27② 28④ 29③

30 서양의 전통 절화장식에 대한 특징으로 옳은 것은?

① 표현기법이 기하학적이고 꽃이 주재료이다.
② 선과 여백의 아름다움을 중요시한다.
③ 자연과의 조화를 추구하였다.
④ 3주지가 명확한 형태로 표현한다.

31 다음 중 회의테이블 장식에 대한 설명으로 가장 옳지 않은 것은?

① 향이 강하고 짙은 식물을 선택하여 호기심을 유발한다.
② 상대편과의 시야를 방해하지 않도록 낮게 디자인한다.
③ 장식물 부피가 테이블 폭보다 지나치게 크지 않게 디자인한다.
④ 회의의 목적에 맞는 디자인을 한다.

32 절화를 이용하여 고리모양으로 만들어낸 장식물화관용, 테이블용, 벽걸이용 등으로 이용되는 것은?

① 갈란드   ② 리스
③ 콜라주   ④ 헝싱물

33 다음 중 에틸렌에 민감한 식물이 아닌 것은?

① 백합
② 프리지아
③ 안수리움
④ 카네이션

34 철사(Wire)처리법으로 낚싯바늘 모양으로 구부려서 사용하는 방법은?

① 헤어핀법(Hair pin method)
② 후크법(Hook method)
③ 트위스트법(Twist method)
④ 인서션법(Insertion method)

35 꽃바구니 제작 시 꽃의 형태 중 폼플라워(Form flower)로 이용되는 것은?

① 리아트리스   ② 금어초
③ 스토크   ④ 백합

36 일반적으로 선(線)을 나타내는 디자인에 많이 사용하는 소재가 아닌 것은?

① 델피니움   ② 수국
③ 부들   ④ 칼라

37 식물의 생육에 영향을 미치는 환경요인의 설명으로 틀린 것은?

① 식물의 생육 적온은 식물마다 다르다.
② 식물 생육에 주로 관여하는 광은 자외선이다.
③ 수분의 광합성을 통한 탄수화물의 합성원료가 된다.
④ 식물의 생육시기에 따라 수분 요구도가 다르다.

정답 30 ① 31 ① 32 ② 33 ③ 34 ② 35 ④ 36 ② 37 ②

38 식물 생육과 수분에 대한 설명으로 옳은 것은?

① 식물의 종류, 생육 단계 및 부위에 따라 일정하다.
② 과습 상태는 뿌리의 호흡기능을 높이는 방법이다.
③ 선인장과 다육식물은 습한 상태를 좋아한다.
④ 식물체내에서 물질을 운반하는 역할을 한다.

39 구입 후 절화의 품질을 유지하는 방법에 대한 설명으로 틀린 것은?

① 구입 후 상하거나 시든 잎은 신속히 제거한다.
② 구입 후 열대(아열대) 원산의 절화는 꽃냉장고에 보관하는 것이 좋다.
③ 물올림은 줄기의 기부가 3~5cm 정도 잠기도록 한다.
④ 구입 후 2~24시간 정도의 물올림 하는 것이 좋다.

40 카틀레야와 같은 열대 원산의 절화를 저장하기에 가장 적당한 온도는?

① -2~0℃   ② 0~3℃
③ 3~8℃   ④ 8~15℃

41 식물에 좋은 토양 조건이 아닌 것은?

① 보수력과 보비력이 좋아야 한다.
② 배수성과 통기성이 좋아야 한다.
③ 염류가 많아야 한다.
④ 병충해가 없는 무병토이어야 한다.

42 다음 명도에 관한 일반적인 설명으로 가장 옳은 것은?

① 검은색을 많이 사용하면 명도는 높아진다.
② 검정을 0, 흰색을 9로 하여 10단계로 명도를 구분한다.
③ 채도의 높고 낮음에 따라 명암의 효과가 나타난다.
④ 명도는 빛의 반사율을 척도화하여 나타낸 것이다.

43 규모에 대한 설명으로 틀린 것은?

① 질감과 색은 규모에 있어서 중요한 요소이다.
② 화훼장식물에서 용기의 크기는 형태를 결정하는 요소가 될 수 있다.
③ 화훼장식물의 크기는 공간의 크기와는 상관없이 조화를 이루어야 한다.
④ 적절한 규모의 디자인은 일관성이 있고 편안함을 준다.

44 우리나라 화훼장식의 역사를 살펴볼 때 식물이 조형미를 갖추고 감상의 대상이 된 최초의 시기는?

① 삼국시대   ② 고려시대
③ 조선시대   ④ 1960년대 이후

정답 38 ④ 39 ② 40 ④ 41 ③ 42 ④ 43 ③ 44 ①

45 디자인의 원리 중 통일에 대한 설명으로 가장 옳은 것은?

① 통합이 되거나 완전해진 하나의 상태로 전체의 구성이 개개의 부분에 비해 훨씬 두드러진 것을 의미한다.
② 화훼장식 구성 내의 시각적인 평형감과 평정의 느낌이다.
③ 화훼장식의 재료들이 대비를 이룰 때 이루어진다.
④ 디자인 안에서 전체와 부분, 부분과 다른 부분과의 관계를 의미한다.

46 드라이 플라워(Dry flower) 건조방법으로 맞는 것은?

① 열풍건조법 – 양분 손실이 많아지기 전에 열풍 건조기를 이용하면 꽃의 아름다운 색을 유지할 수 있다.
② 동결건조법 – 꽃을 동결시킨 후 수분을 승화시켜 건조하는 방법으로 자연건조보다 수축과 쭈그러짐이 많다.
③ 자연건조법 – 환기가 잘되고 습기가 없는 서늘한 양지에서 꽃다발을 거꾸로 걸어서 말린다.
④ 글리세린건조법 – 글리세린을 섭씨 40℃의 물과 1 : 2~1 : 3의 비율로 혼합하고 트윈 20(tween 20)과 같은 습윤제를 10%정도 첨가해 이용한다.

47 매몰건조 시 주의해야 할 사항으로 적절하지 않은 것은?

① 꽃이 지나치게 개화하기 전에 건조시킬 꽃을 채화해야 한다.
② 건조 전에 꽃에 물방울을 완전히 제거한다.
③ 겹꽃의 경우는 꽃잎사이의 물기는 적당히 있어야 한다.
④ 건조될 꽃이 고른 압력을 받도록 매몰시켜야 한다.

48 다음 색의 기본 원리에 관한 설명 중 옳은 것은?

① 색의 강도, 혹은 선명한 정도를 색상이라 한다.
② 표면색은 빛을 흡수하여 물체 표면에 나타난 색을 말한다.
③ 흰색은 명도가 가장 밝은 색이다.
④ 삼원색은 빨강, 노랑, 녹색이다.

49 다음에서 설명하는 부케는?

> 1814~1848년 오스트리아와 독일에서 처음 등장한 형태이며, 전통주의와 풍요로움의 시기의 상징으로 꽃을 촘촘하게 중심을 향해 꽃아가는 반구형으로 아주 치밀한 양식의 꽃다발이다.

① 콜로니얼 부케(Colonial Bouquet)
② 터지머지 부케(Tussy Muzzy Bouquet)
③ 비더마이어 부케(Biedermeier Bouquet)
④ 스노우볼 부케(Snowball Bouquet)

정답 45 ① 46 ① 47 ③ 48 ③ 49 ③

50 초점에 집중적인 시선을 디자인의 다른 모든 부분으로 옮겨가게 하는 특성이 있으며, 반복적으로 표현 될 수 있는 디자인 요소는?

① 강조
② 조화
③ 리듬
④ 통일

51 건조소재의 보존방법으로 가장 적절한 것은?

① 다습한 곳에서 보관한다.
② 직사광선이 비춰지는 곳에서 보관한다.
③ 병충해 침입을 방지하기 위해서 나프탈렌과 같은 물질을 첨가해 보관한다.
④ 매몰건조에 의해 건조된 소재는 저장 중 습기를 제거할 필요가 없다.

52 다음 중 먼셀 표색계에 대하여 바르게 설명한 것은?

① 색상 : H, 명도 : V, 채도 : C로 표기한다.
② 표기순서는 CV / H이다.
③ 먼셀 표색계의 채도는 10 단계이다.
④ 먼셀 색상환의 최초 색상 기준은 3 원색이다.

53 다음 색상 중 가장 따뜻한 느낌을 주는 색은?

① 하늘색
② 주황색
③ 연두색
④ 보라색

54 영국 조지아 시대(AD 1714~1760)에 꽃의 향기가 전염병을 예방해 주는 것으로 인식되어 손에 들고 다녔던 것은?

① 포푸리
② 코사지
③ 노즈게이
④ 갈란드

55 화훼장식의 환경조절 기능에 속하지 않는 것은?

① 오염된 공기를 정화
② 적당한 습도를 유지
③ 실내 공간 분할
④ 음이온을 발생

56 다음 설명이 나타내는 화훼장식의 기능은?

- 실내·외 미적효과를 높이면서 공간구성에 큰 역할을 한다.
- 시야의 차단, 공간 분할 등의 효과를 낸다.

① 치료적 기능
② 건축적 기능
③ 환경적 기능
④ 교육적 기능

정답 50 ③ 51 ③ 52 ① 53 ② 54 ③ 55 ③ 56 ②

57 식물 염색에 사용하는 방법이 아닌 것은?

① 대량 염색할 때는 염료가 첨가된 물에 식물을 넣고 삶은 후 건조시킨다.
② 염색은 표백 후 하는 것이 좋고, 염료 혼합 시 증류수를 사용하는 것이 좋다.
③ 염료가 섞여 있는 물에 식물을 꽂아 도관을 통해 물을 흡수시킨다.
④ 스프레이 염료는 분무해서 염색시키는 것으로 건조화에서만 가능하다.

58 균형(Balance)에 관한 설명으로 가장 옳은 것은?

① 대칭 균형만이 완전한 균형을 이룬다.
② 균형은 형태나 색채상으로 평형 상태인 것을 말한다.
③ 비대칭 균형은 엄숙하고 장중한 느낌을 준다.
④ 비대칭 균형은 동적인 화훼장식을 표현할 수 없다.

59 둘 이상의 화훼 장식적 요소가 합쳐져 통일된 감각적 효과를 발휘하는 디자인 원리는?

① 비례
② 조화
③ 초점
④ 구성

60 농업 서적과 관련된 저자 또는 역자의 연결 시 틀린 것은?

① 산림경제 – 정다산
② 성소부부고 – 허균
③ 양화소록 – 강희안
④ 임원십육지 – 서유구

정답 57 ④ 58 ② 59 ② 60 ①

화훼장식기능사 최신 출제예상문제 1회

01 화훼장식에 철사를 사용하는 목적으로 틀린 것은?

① 약한 줄기를 보강하기 위해서이다.
② 원하는 지점에 꽃과 잎을 고정하기 위해서이다.
③ 코사지나 꽃꽂이에 액세서리를 덧붙이기 위해서이다.
④ 부케를 만들 때 줄기의 부피를 크게 하기 위해서이다.

02 다음 중 철사의 굵기가 가장 굵은 것은?

① #18　　② #20
③ #24　　④ #30

03 화훼재료의 엽서(잎차례)의 연결이 틀린 것은?

① 윤생엽 – 아스플레니움, 칼라데아, 사스피레
② 호생엽 – 둥굴레, 송악, 느티나무
③ 대생엽 – 소철, 마가목, 주목
④ 근생엽 – 앵초, 맥문동, 민들레

04 화훼에 대한 설명으로 가장 옳은 것은?

① 화훼는 관상식물로 초본식물만을 의미한다.
② 화훼의 '훼'는 꽃의 배경을 이루는 푸른 바탕을 뜻한다.
③ 실용적으로 절화와 분화를 화훼로 규정한다.
④ 한국의 일인당 꽃 소비액은 일본에 비해 10% 수준이다.

05 절화의 수분 흡수 촉진 방법으로 틀리게 연결된 것은?

① 국화 – 열탕처리
② 칼라 – 탄화처리
③ 라일락 – 열탕처리
④ 장미 – 펌프주입

06 몬스테라, 스프링게리, 드라세나, 둥굴레, 엽란 등을 꽃꽂이 소재로 사용할 때의 용도별 분류군은?

① 절화식물
② 절지식물
③ 절엽식물
④ 건조화 소재

정답　01 ④　02 ①　03 ①　04 ②　05 ④　06 ③

07 절화의 물올림 방법으로 적절하지 않은 것은?

① 물속에서 재절단하며, 재절단 시 가위보다 예리한 칼을 사용한다.
② 같은 종 또는 같은 품종 단위로 동일한 용기에 넣고 물올림 시킨다.
③ 유액이 나오는 줄기는 재절단 후 끓는 물에 수 초간 담근다.
④ 수분 흡수를 좋게 하기 위해서 줄기 기부를 수평으로 절단한다.

08 다음 중 절화줄기 기부를 끓는 물에 수초간 넣었다 빼내는 열탕처리가 수명연장에 가장 효과가 있는 화훼류는?

① 튤립
② 포인세티아
③ 안개초
④ 카네이션

09 테라리움에 대한 설명으로 옳지 않은 것은?

① 라틴어의 terra(흙)과 arium(작은 용기)의 합성어에서 그 용어가 유래되었다.
② 밀폐된 투명한 작은 용기 속에 흙을 채우고 각종 식물을 배치하여 기르면서 감상하는 원예활동을 말한다.
③ 주로 건조한 환경을 좋아하는 식물, 온도 변화에 민감하지 않고 잘 견디는 식물이 적합하다.
④ 바닥에 물이 흐르지 않기 때문에 인테리어 효과가 뛰어나다.

10 절화보존제의 효과로 볼 수 없는 것은?

① 양분의 공급
② 에틸렌 발생 억제
③ 노화 촉진
④ 미생물 등의 발생 억제

11 절화장식에 사용되는 화기로 적절하지 않은 것은?

① 병   ② 테라리움 용기
③ 수반   ④ 콤포트

12 전통 한국식 꽃꽂이의 특성이 아닌 것은?

① 자연에서 식물이 자라는 모습을 화기에 재현한 자연적인 구성이다.
② 나뭇가지의 선의 아름다움을 강조한다.
③ 대부분 사방형으로 제작한다.
④ 자연에서 식물이 자라는 형태는 직립형, 경사형, 하수형으로 나눌 수 있다.

13 한국의 전통적인 꽃예술의 성격과 거리가 먼 것은?

① 생활공간의 장식
② 의식으로서의 헌화와 공화
③ 심신의 수련
④ 사회적 변화의 적응

정답 07 ④ 08 ③ 09 ③ 10 ③ 11 ② 12 ③ 13 ④

14 중심축을 기준으로 사방으로 균일하게 꽂는 형으로 가장 적합한 것은?

① 분리형　② 복합형
③ 방사선형　④ 부하형

15 선, 모양, 색, 질감 등의 요소에 점진적인 변화를 주어 디자인 한 부분에서 다른 부분으로 시선을 유도하는 기법은?

① 쉐도잉(shadowing)
② 프레이밍(framing)
③ 시퀀싱(sequencing)
④ 클러스트링(clustering)

16 볏단, 밀짚다발, 옥수수대 등을 이용하여 같은 재료 또는 비슷한 재료를 단단히 묶는 기법은?

① 조닝　② 시큐어링
③ 번들링　④ 테라싱

17 다음 중 매스 플라워(mass flower)로 볼 수 없는 것은?

① 글라디올러스　② 장미
③ 카네이션　④ 수국

18 과꽃이나 소국 등으로 부케(bouquet)를 제작할 때, 와이어 끝을 1cm 가량 구부려서 제작하는 철사처리 방법은?

① 후킹(hooking)
② 소잉(sewing)
③ 피어싱(piercing)
④ 트위스팅(twisting)

19 다음에서 설명하는 동양식 절화장식은?

> - 화기를 2개 이상 반복적으로 배치하여 하나의 작품이 되도록 구성한다.
> - 하나하나 독립된 특성과 완성미를 나타낸다.
> - 같이 연결되어 있을 때 더욱 효과적인 조화 의미를 표현할 수 있다.

① 분리형　② 경사형
③ 전개형　④ 복합형

20 줄기 속에 철사(wire)를 통과시켜 자연줄기를 보강해 주거나 구부리기 쉽게 하는 기법은?

① 루핑(looping)
② 크로싱(crossing)
③ 익스텐딩(extending)
④ 인서션(insertion)

21 양을 강조하기 위해 소재를 그룹으로 타이트하게 모아 공간이 없이 작은 소재들을 빽빽하게 꽂는 것을 말하는 것은?

① 클러스터링(clustering)
② 플레이밍(flaming)
③ 조닝(zoning)
④ 베이싱(basing)

정답　14 ③　15 ③　16 ③　17 ①　18 ①　19 ④　20 ④　21 ①

22 줄기배열에 따른 꽃꽂이의 형태에 관한 설명으로 옳지 않은 것은?

① 방사선 배열 – 모든 줄기의 선이 한 개의 초점에서부터 전개된다.
② 병행선 배열 – 여러 개의 초점으로부터 나온 줄기의 배열이 모두 같은 방향으로 병행을 이룬다.
③ 교차선 배열 – 여러 개의 초점으로부터 나온 줄기의 선이 여러 각도의 방향으로 뻗어 배열된다.
④ 감는선 배열 – 방사선 배열에서 발전된 형으로 직선적인 선의 흐름이 특징이다.

23 생산화훼의 용도별 분류와 그에 사용되는 식물의 연결로 옳지 않은 것은?

① 절화 – 스마일락스, 글라디올러스
② 절엽 – 루스커스, 몬스테라
③ 절지 – 조팝나무, 개나리
④ 분화 – 포인세티아, 아잘레아

24 다음 절화의 형태분류 중 필러 플라워에 속하지 않는 것은?

① 카스피아   ② 안개꽃
③ 공작초   ④ 안스리움

25 건조화에 대한 설명으로 틀린 것은?

① 전시방법, 장소, 위치에 덜 구애받는다.
② 쉽게 부패되는 소재는 방부제 처리를 해 준다.
③ 꽃이 만개하였을 때 건조하는 것이 효과적이다.
④ 보관 시에는 햇빛이 적게 받는 곳에 둔다.

26 유럽의 절화장식에서 꽃의 자연거조나 누름건조, 꽃그림 그리기, 조개, 왁스, 깃털, 구슬 등으로 조화를 만드는 기술이 교육되었던 시기로 옳은 것은?

① 르네상스 시대   ② 빅토리아 시대
③ 바로크 시대   ④ 영국 조지 시대

27 다음 설명은 화훼장식의 기능 중 어느 부분에 속하는가?

> 공기 중의 오염 물질을 흡수하여 공기를 정화시키며, 수분을 방출하여 습도를 조절해 주고, 전자파 차단과 방음 효과가 있다.

① 치료적 기능   ② 심리적 기능
③ 환경적 기능   ④ 건축적 기능

28 물을 흡수할 수 있는 것과 흡수하지 못하는 것이 있고 식물에게 수분을 공급해 주는 역할과 고정시켜 주는 역할을 하는 것은?

① 플로랄 폼   ② 침봉
③ 플라스틱 망   ④ 라피아

정답 22 ④ 23 ① 24 ④ 25 ③ 26 ② 27 ③ 28 ①

29 다음 색상환에 유사색상배색을 나타낸 것은?

①

②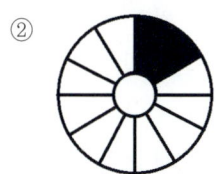

③

④

30 식물의 노화 촉진 호르몬은 무엇인가?
① GA ② IAA
③ Ethylene ④ Daminozide

31 화훼장식을 위한 식물소재의 관리에 대한 설명으로 틀린 것은?
① 절화는 구입 후 충분히 물을 흡수하여 신선하면서 적절하게 개화되도록 한다.
② 분식물은 구입 후 적절한 온도와 광선 환경을 유지해 주고 적절한 관수를 한다.
③ 절화는 수명 연장을 위해 가능한 절화 보존제 처리를 해 주도록 한다.
④ 분식물은 장식 후 잘 견딜 수 있도록 물을 주지 않으면서 순화를 시킨다.

32 다음 그림과 같은 디자인 원리는?

① 율동(Rhythm)
② 통일(Unity)
③ 균형(Balance)
④ 조화(Harmony)

33 가법혼색(additive color mixture)의 삼원색에 속하는 색이 아닌 것은?
① 파랑색(Blue)
② 노랑색(Yellow)
③ 빨강색(Red)
④ 녹색(Green)

34 크기가 차이가 있는 알리움을 나란히 연속적으로 꽂음으로써 얻을 수 없는 것은?
① 통일 ② 강조
③ 리듬 ④ 변화

정답 29 ② 30 ③ 31 ④ 32 ③ 33 ② 34 ②

35 꽃의 형태에 따른 분류 중 폼 플라워(Form flower)에 사용되지 않는 것은?

① 수선화
② 백합
③ 안개꽃
④ 안스리움

36 화훼장식이 미치는 심리적 기능의 설명으로 틀린 것은?

① 편안함과 안정감을 준다.
② 서양에서는 인격형성에 화도, 다도, 서도의 3도를 이용해 왔다고 볼 수 있다.
③ 식물이나 꽃으로 인해 스트레스도 해소되고 분노감이 줄어든다.
④ 사람의 오감을 만족시켜 정서함양에 도움이 된다.

37 화훼장식의 환경조절 기능에 속하지 않는 것은?

① 오염된 공기를 정화
② 적당한 습도를 유지
③ 실내 공간 분할
④ 음이온을 발생

38 다음 중 방사상 구성으로 이루어진 형태가 아닌 것은?

① 반구형   ② 역T자형
③ 병렬형   ④ 수평형

39 다음 색의 기본 원리에 관한 설명 중 옳은 것은?

① 색의 강도, 혹은 선명한 정도를 색상이라 한다.
② 표면색은 빛을 흡수하여 물체 표면에 나타난 색을 말한다.
③ 흰색은 명도가 가장 밝은 색이다.
④ 삼원색은 빨강, 노랑, 녹색이다.

40 절화를 물에 꽂을 때 줄기의 절단면은 어떤 상태인 것이 수분 흡수가 많고 좋은가?

① 망치로 찧어 줄기 끝을 뭉갠 것
② 수평면으로 자른 것
③ 사선으로 자른 것
④ 어떤 상태든 상관없다.

41 서양의 전통 절화장식에 대한 특징으로 옳은 것은?

① 표현기법이 기하학적이고 꽃이 주재료이다.
② 선과 여백의 아름다움을 중요시한다.
③ 자연과의 조화를 추구하였다.
④ 3주지가 명확한 형태로 표현한다.

정답 35 ③ 36 ② 37 ③ 38 ④ 39 ③ 40 ③ 41 ①

42 절화의 특성에 대한 설명으로 틀린 것은?

① 다양한 색과 모양, 향기를 가지는 꽃에 관상 가치를 둔다.
② 분화류보다 감상 기간이 길다.
③ 뿌리 없이 줄기로 양분과 수분을 흡수한다.
④ 수확 후 관리와 신선도 유지가 중요하다.

43 용도에 맞는 철사 사용에 대한 설명으로 틀린 것은?

① 철사 처리는 단정한 기법으로 제작 되어야 한다.
② 연약한 꽃과 잎에 사용되는 철사는 30~32번이 적당하다.
③ 가벼운 소재에 사용할수록 표준치수의 수치가 큰 것을 사용한다.
④ 재료를 받쳐 지탱할 수 있을 만큼 되도록 굵은 철사를 사용한다.

44 프랑스어로 발효시킨 항아리라는 뜻으로 말린꽃, 향기가 있는 식물, 잎, 과일껍질, 향료 등을 향기가 있는 기름을 첨가한 후 숙성시켜 사용하는 것은?

① 테라리움   ② 비바리움
③ 포만다   ④ 포푸리

45 화훼의 이용형태와 화훼종류가 바르게 짝 지어지지 않은 것은?

① 절화용 – 국화, 스타티스
② 분식용 – 포인세티아, 칼랑코에
③ 화단용 – 팬지, 매리골드
④ 절지 절엽용 – 파초일엽, 시네라리아

46 신부부케에 대한 설명으로 틀린 것은?

① 부케의 손잡이는 몸 선과 나란히 포컬 포인트(focal point)를 다소 위로 향하게 하면 아름답다.
② 부케는 양손으로 힘 있게 잡고 꽃의 표정은 아래를 보도록 한다.
③ 자연줄기로 만든 부케나 소품으로 만든 부케는 편안한 모습으로 자연스럽게 드는 것이 매력적이다.
④ 프레젠테이션(presentation)부케는 한 손으로는 꽃을 안은 듯 들고 나머지 손은 꽃다발 줄기를 잡은 듯 가볍게 든다.

47 먼셀의 색체계에 대한 색의 설명으로 옳지 않은 것은?

① 먼셀색상환은 빨강, 노랑, 파랑 3색을 기본으로 한다.
② 무채색은 0에서 10 즉, 11단계로 구분하며, 색상은 없다.
③ 색은 무채색에 가까워질수록 채도가 낮아진다.
④ 적색(Red) 원색의 채도는 가장 낮은 단계를 1도로 하고 가장 높은 단계를 14도로 한다.

정답 42 ② 43 ④ 44 ④ 45 ④ 46 ② 47 ①

48 다음 중 국화의 수명을 연장하는 데 가장 많이 사용되는 물리적 처리방법은?

① 열탕 처리　② 탄화 처리
③ 호르몬 처리　④ 펌프 주입

49 다음 중 황금비 1 : 1.618 과 가장 거리가 먼 것은?

① 3 : 5　② 5 : 8
③ 8 : 13　④ 13 : 26

50 다음과 같은 고려사항이 요구되는 유러피언 스타일(european style)의 디자인은?

> - 세 개의 서로 다른 크기의 그룹(주, 역, 부)로 구성되는 비대칭적 질서가 일반적이다.
> - 자연에서 보듯 생장점(출발점)이 종종 화기 안에 한 점에 있는 듯이 보인다.
> - 꽃의 가치효과와 운동성, 색상, 용기선택 등을 고려해야 한다.

① 식생형(vegetative)
② 장식형(decorative)
③ 형-선형적 구성(formal-linear)
④ 병행형(parallel)

51 고려시대 꽃문화에 대한 설명으로 틀린 것은?

① 불교가 융성함에 따라 꽃문화가 크게 발전하였다.
② 초기에는 고구려의 영향을 받아 삼존 형식이 주류를 이루었다.
③ 고려시대까지는 꽃꽂이가 수반이나 화기에만 꽂아졌다.
④ 꽃병으로 청자가 사용되었다.

52 절화의 온도가 30℃에서 10℃로 낮아지면 무엇이 1/3~1/6로 느려져 신선도를 유지하는가?

① 호흡속도
② 에틸렌 발생속도
③ 에틸렌 억제량
④ 이산화탄소 발생속도

53 꽃다발 등을 만들 때 철사 대신에 묶는 용도로 이용하거나 장식용으로 쓰이는 자연 소재로 적합한 것은?

① 다래덩굴　② 라피아
③ 플로랄 테이프　④ 방수 테이프

54 교차선의 아름다움을 강조한 디자인에 대한 설명으로 가장 옳은 것은?

① 줄기가 모두 같은 방향으로 나란히 뻗어있다.
② 줄기를 짧게 잘라 꽃송이나 꽃잎만을 사용한다.
③ 여러 개의 초점에서 나온 줄기의 선이 각기 여러 방향으로 뻗는다.
④ 일초점을 갖는다.

정답 48 ① 49 ④ 50 ① 51 ② 52 ① 53 ② 54 ③

55 코사지에 대한 설명으로 틀린 것은?

① 코사지는 신체장식의 하나이다.
② 가슴부위에 다는 것만 코사지라고 한다.
③ 다는 사람의 이미지와 맞는 소재, 크기를 선택한다.
④ 주 소재가 코사지를 달고 있는 사람을 향하도록 한다.

56 진주암을 1000℃ 이상으로 가열하여 입자내 공극을 팽창시킨 것으로 염기치환 용량은 상당히 낮은 원예용토는?

① 하이드로볼
② 버미큘라이트
③ 암면
④ 펄라이트

57 플라워디자인 작품이나 상품을 제작할 때 고려해야 할 사항이 아닌 것은?

① 장식하는 장소와 환경을 고려한다.
② 생생한 아름다움이 느껴지도록 마무리한다.
③ 장식원예 보조용구를 사용하지 않는 것이 좋다.
④ 예비소재를 준비해 둔다.

58 페더링(feathering)기법에 대한 설명으로 틀린 것은?

① 코사지나 터지머지(tuzzy-muzzy) 등과 같은 섬세한 디자인을 할 때 사용된다.
② 카네이션, 국화 등의 꽃잎을 여러 장 겹쳐서 감아 주는 기법이다.
③ 하나하나의 꽃잎을 조합하여 큰 꽃을 만드는 기법이다.
④ 꽃잎을 분해하여 새의 깃털처럼 처리한다고 하여 붙여진 이름이다.

59 곡선을 가느다랗게 강조한 유동감이 있고 세련미 넘치는 공간 구성으로 시대적 감각을 풍부하게 하며 가냘프고 신비한 느낌을 주는 화형은?

① 초승달형
② 수평형
③ 부채형
④ 대각선형

60 비(比, proportion)에 대한 설명으로 옳지 않은 것은?

① 디자인할 때 상대적인 크기와 관계를 의미한다.
② 폭, 길이, 두께, 높이에 의한 치수와 관계가 있다.
③ 균형과 밀접한 관계가 있다.
④ 장식재료인 화기의 크기와는 관계가 없다.

정답 55 ② 56 ④ 57 ③ 58 ③ 59 ① 60 ④

화훼장식기능사 최신 출제예상문제 2회

01 조선시대의 화훼장식과 관련이 없는 것은?
① 산림경제의 양화면
② 성소부부고의 병화인
③ 오주연문장전산고의 당화병화변증설
④ 수덕사 대웅전의 수화도

02 화훼식물이 장식에 이용되는 주요 형태로 가장 거리가 먼 것은?
① 도시조경 ② 절화장식
③ 실내정원 ④ 분식물장식

03 리본의 용도로 틀린 것은?
① 철사처리 및 테이프 감은 부분을 마무리 할 때 사용한다.
② 상품을 안전하게 보호하는 기능을 하는데 주로 사용한다.
③ 작품 제작 및 포장에 리본뿐만 아니라 리본 보우를 만들어 사용한다.
④ 철사에 리본을 감아 독특한 모양으로 만들어 장식적으로 사용한다.

04 바로크 시대 화훼장식의 특징으로 알맞은 것은?
① 향기가 있는 꽃다발
② 대칭적인 형태
③ 직선적인 디자인
④ 호가스형

05 전통적 한국식 화훼장식 특성이 아닌 것은?
① 나뭇가지의 선의 아름다움을 강조한다.
② 자연에서 식물이 자라는 형태는 직립형, 경사형, 하수형으로 나눌 수 있다.
③ 대표적인 형태는 사방형이다.
④ 자연에서 식물이 자라는 모습을 화기에 재현한 자연적인 구성이다.

06 한국전통 꽃꽂이 화형 구성에서 적합하지 않은 것은?
① 1주지는 제일 긴 가지로 작품의 화형을 결정한다.
② 2주지는 중간 길이로 작품의 넓이 부피를 구성한다.
③ 3주지는 전체적인 조화를 찾아 흐름을 마무리해 주는 역할을 한다.
④ 종지는 주지를 보완해 주는 역할을 하며 주지보다 더 길게 꽂는다.

07 생화인 절화 줄기의 고정방법이 아닌 것은?
① 글루포트 ② 침봉
③ 격자 ④ 철망

정답 01 ④ 02 ① 03 ② 04 ③ 05 ③ 06 ④ 07 ①

08 서양의 화훼장식 역사에 대한 설명으로 옳은 것은?

① 르네상스 시대에 코누코피아가 만들어졌다.
② 바로크시대의 꽃은 용기 2~3배로 고딕건축물과 같이 꽂았다.
③ 1,600년대에 빅토리안 스타일이 만들어졌다.
④ 다수의 출판 서적, 기술을 지도하는 전문가 및 전문학교는 빅토리아 시대에 등장하였다.

09 화훼장식에서 매스플라워(mass flower)의 뜻과 용도에 대한 설명으로 틀린 것은?

① 기다란 꽃대에 꽃이 하나씩 달려 있다.
② 작품에서 매스플라워의 큰 꽃들은 주로 바깥쪽에 꽂고 중심으로 갈수록 작은 꽃들을 꽂아야 안정감이 든다.
③ 국화, 달리아, 장미, 카네이션이 대표적인 꽃이다.
④ 꽃꽂이 전체에서 주로 중심이 되는 부분에 꽂혀진다.

10 용도에 따라 절화용, 절지용, 절엽용으로 구분할 때, 다음 중 절화용으로만 짝 지어지지 않은 것은?

① 프리지아, 꽃창포, 장미
② 칼라, 용담, 델피니움
③ 공작초, 산수유, 유칼립투스
④ 튤립, 국화, 알스트로메리아

11 화훼장식 디자인 기법 중 플로랄 폼을 가려주는 베이싱(basing) 기법이 아닌 것은?

① 밴딩(banding)
② 레이어링(layering)
③ 필로잉(pillowing)
④ 테라싱(terracing)

12 동양식 꽃꽂이에서 2개 이상의 화기에 화형을 선택하여 꽂는 꽃꽂이 형식은?

① 부화형(浮花型)
② 분리형(分離型)
③ 복형(複形)
④ 배합형(配合型)

13 구성의 밑 부분에 색다른 질감과 시각적인 비중을 더해 줌으로써 더 강한 흥미와 외형적 안정성의 기반이 되는 화훼장식 표현 기법으로 거리가 먼 것은?

① 테라싱(terracing)
② 파베(pave)
③ 필로잉(pillowing)
④ 쉐도잉(shadowing)

정답 08 ④ 09 ② 10 ③ 11 ① 12 ③ 13 ④

14 핸드타이드 부케(hand-tied bouquet)를 제작할 때 모든 줄기들이 교차하는 묶음점에 적용되는 기법으로 물리적·기능적으로 소재를 결합하기 위한 기법은?

① 밴딩(banding)
② 바인딩(binding)
③ 그룹핑(grouping)
④ 프레이밍(framing)

15 테라싱(terracing)기법에 대한 설명으로 옳은 것은?

① 동일한 소재들을 크기에 따라 앞 뒤 수평이 되게 일정한 간격으로 계단처럼 배치한다.
② 특수한 요소를 강조하거나 주의를 끌 필요가 있을 때 사용하는 기법이다.
③ 보석박기, 작은 알돌들을 가능한 촘촘하게 모으는 것처럼 소재를 구성하는 것이다.
④ 동일한 단위로 알아볼 수 있도록 모아 시각적인 효과를 거두도록 하는 기법이다.

16 색의 속성에 관한 설명으로 틀린 것은?

① 색상은 색채의 이름을 말한다.
② 색을 혼합할수록 채도는 높아진다.
③ 유채색의 구성 요소는 색상, 명도, 채도이다.
④ 무채색과 유채색은 모두 명도를 가진다.

17 먼셀의 색표기법에서 "5Y8/10"의 의미로 옳은 것은?

① 명도는 5Y, 색상이 8, 채도는 10이라는 색을 나타낸다.
② 색상은 5Y, 채도가 8, 명도는 10이라는 색을 나타낸다.
③ 색상은 5Y, 명도가 8, 채도는 10이라는 색을 나타낸다.
④ 채도는 5Y, 명도가 8, 색상은 10이라는 색을 나타낸다.

18 가법혼색과 감법혼색에 대한 설명으로 틀린 것은?

① 가법혼색의 3원색은 red, green, blue이다.
② 감법혼색의 3원색은 모두 섞으면 black이 된다.
③ 감법혼색에서 yellow와 cyan을 섞으면 blue가 된다.
④ 가법혼색에서 red와 blue를 섞으면 magenta가 된다.

19 먼셀의 색상환에서 서로 보색관계인 것은?

① 노랑 – 파랑 ② 주황 – 보라
③ 흰색 – 검정색 ④ 빨강 – 청록

정답 14 ② 15 ① 16 ② 17 ③ 18 ③ 19 ④

20 색의 대비에 관한 설명으로 틀린 것은?

① 색상대비는 두가지 이상의 색을 동시에 볼 때 색상의 차이가 크게 느껴지는 현상이다.
② 면적대비는 면적이 커지면 명도 및 채도가 감소되어 그 색은 실제보다 밝거나 또는 선명하게 보이는 현상이다.
③ 한난대비는 우리의 오랜 경험에 의해서 형성된 이미지를 색채와 연관시켜 색채들 간의 온난의 감정 차이를 느끼게 하는 현상이다.
④ 계시대비는 어떤 색을 본 후에 시간적인 간격을 두고 다른 색을 차례로 볼 때 일어나는 색채 대비로서 먼저 본 색의 영향으로 나중에 본 색이 시간적인 간격에 따라서 다르게 보이는 현상이다.

21 선형(formal-linear) 디자인에 대한 설명으로 틀린 것은?

① 수직선, 수평선, 사선 및 곡선 등을 이용할 수 있다.
② 소재는 항상 대칭으로 배치하여야 한다.
③ 식물 소재의 형태와 선의 특성을 대비시켜서 표현한다.
④ 여백을 이용하여 소재의 아름다움을 강조한다.

22 화훼장식에 대한 설명으로 틀린 것은?

① 화훼장식은 조화 소재를 주로 사용하여 실내공간을 장식하는 것이다.
② 화훼장식이란 장식물을 제작, 설치, 유지 및 관리하는 기술을 말한다.
③ 화훼장식 중 실내장식의 형태는 절화장식, 분식물 장식, 실내정원으로 나눈다.
④ 화훼장식의 재료에서 화훼는 관심의 대상이 되는 초본식물과 목본식물을 총칭한다.

23 화훼장식 디자인의 원리를 설명한 것으로 옳은 것은?

① 균형은 소재들 간의 상대적 크기이다.
② 리듬은 움직임이 연속적으로 되풀이되는 것이다.
③ 구성은 특정 부분을 강하게 표현한다.
④ 비율은 공간과 질감의 상호관계이다.

24 화훼장식 디자인의 요소인 공간에 대한 설명으로 틀린 것은?

① 화훼장식물을 중심으로 볼 때 공간은 물리적인 공간과 화훼장식물의 공간으로 나뉠 수 있다.
② 화훼장식 작품 안에서 공간은 양성적 공간과 음성적 공간으로 나뉠 수 있다.
③ 음성적 공간은 양성적 공산에 비하여 디자이너가 의도적으로 계획한 적극적인 공간이다.
④ 양성적 공간은 재료가 꽉 채워진 공간이다.

정답 20 ② 21 ② 22 ① 23 ② 24 ③

25 다음은 화훼장식 디자인 요소 중 무엇에 대한 설명인가?

> 재료의 표면이 갖는 독특한 성질로서 촉각적인 것과 시각적인 것, 복합 재료에 의한 것과 표현기법에 의한 것이 있으며, 공간의 성격이나 중량감, 양감의 감각적인 면을 결정한다.

① 균형　　② 질감
③ 색상　　④ 면

26 액체 글리세린 건조법에 대한 설명으로 틀린 것은?

① 건조된 재료의 저장에 폴리에틸렌 필름을 사용한다.
② 수분이 글리세린으로 교환되어 좋은 질감과 유연함을 갖는다.
③ 수분흡수 능력이 있는 계절에 이용 가능하다.
④ 글리세린의 농도와 처리시간에 따라서 색깔에 차이가 있다.

27 다음 중 압화소재로 적합한 꽃은?

① 꽃잎이 니팔모양인 꽃
② 색이 선명하고 변화가 많은 꽃
③ 주름이 많은 꽃
④ 꽃잎이 두껍고 수분함량이 많은 꽃

28 식물의 노화를 촉진시키는 식물 호르몬은?

① 옥신　　② 벤젠
③ 지베렐린　　④ 에틸렌

29 가공화 장식 디자인에서 연속적으로 되풀이되는 변화를 주어 시각적인 즐거움을 주는 것은 다음 디자인 원리 중 어느 것과 관계있는가?

① 비례　　② 강조
③ 리듬　　④ 균형

30 신부부케 제작에 관한 설명으로 가장 거리가 먼 것은?

① 절화를 이용하여 고리 모양으로 만들어 머리에 쓴다.
② 꽃의 줄기를 잘라 철사로 대처하며 줄기를 구부려 만들기도 한다.
③ 줄기를 나선형 또는 직렬형 등으로 모아서 묶어 준다.
④ 플로랄폼이 들어있는 홀더를 사용하며 원형이나 폭포형 등의 조형이 되도록 만들기도 한다.

31 우리나와 같은 동양권에서 방위를 표시할 때 음양오행설에 따른 오방색으로 표현할 수 있다. 그 연결이 옳은 것은?

① 흑(黑) – 남쪽
② 적(赤) – 북쪽
③ 청(靑) – 서쪽
④ 황(黃) – 중앙

정답　25 ②　26 ①　27 ②　28 ④　29 ③　30 ①　31 ④

32 꽃 소재와 철사 처리 기법의 연결로 틀린 것은?

① 아이비 – 헤어핀
② 국화 – 후크
③ 칼라 – 인서션
④ 숙근 안개초 – 피어스

33 결혼식장에서 신랑의 상의에 꽂는 몸 장식용 꽃은?

① 코사지
② 갈란드
③ 부토니어
④ 에포렛

34 절화의 호흡에 대한 설명으로 틀린 것은?

① 절화의 호흡량은 종과 품종에 따라 차이가 있다.
② 온도에 따라서 현저하게 달라진다.
③ 29℃에 저장한 꽃은 2℃에 저장한 것보다 호흡량이 많다.
④ 모든 식물체는 온도가 올라감에 따라 호흡량이 감소한다.

35 에틸렌 발생의 원인에 대한 설명으로 틀린 것은?

① 좁은 공간 내 열원이 가까이 있으면 발생한다.
② 포장 시 취급하는 폴리에틸렌 필름, 플라스틱 조화, 포장용 끈 등이 원인이 된다.
③ 오래되고 시든 절화가 있으면 발생한다.
④ 통풍이 너무 잘 되어 발생한다.

36 다음 중 토양의 특성이 아닌 것은?

① 고온에서 가공되며 균이 없다.
② 뿌리의 호흡과 양분·수분 흡수에 관여한다.
③ 식물의 생육에 관여한다.
④ 식물체를 지지한다.

37 다음 중 화훼장식의 기능으로 거리가 먼 것은?

① 장식적
② 메시지 전달
③ 정서불안
④ 환경적

38 실내장식에 주로 이용되는 장식물에 대한 설명으로 틀린 것은?

① 비바리움(vivarium)은 밀폐된 용기 속에서 여러 가지 식물만 자라도록 만든 것이다.
② 디쉬가든(dish garden)은 접시와 같이 넓고 깊이가 얕은 용기에 식물을 심어 놓은 작은 정원을 말한다.
③ 토피어리(topiary)란 철사나 나뭇가지로 틀을 만들어 덩굴식물을 감아서 동물이나 여러 가지 모양을 만든 것이다.
④ 공중걸이분(hanging basket)은 바구니나 플라스틱 화분에 덩굴식물 등을 심어서 아래로 늘어뜨리고 매다는 것이다.

정답 32 ④ 33 ③ 34 ④ 35 ④ 36 ① 37 ③ 38 ①

39 재배식물의 분류와 명명법에 대한 설명으로 틀린 것은?

① 재배식물의 학명은 속–종–품종의 순으로 구성된다.
② 속(genus)은 유사성을 가진 종(species)의 모임이다.
③ 식물의 학명은 속명과 종명의 이명법을 쓴다.
④ 식물의 품종명은 이탤릭체로 쓴다.

40 리스에 대한 설명으로 틀린 것은?

① 원형을 이루면서 디자인의 요소와 원리에 맞게 제작한다.
② 크기와 두께의 비율이 적절해야 아름답게 제작될 수 있다.
③ 정적인 장식이며, 둥근 모양에 어울리게 느슨하게 제작하여야 한다.
④ 리스의 몸체는 리스 장식과 조화롭게 어울려야 한다.

41 에틸렌의 설명으로 옳은 것은?

① 무색, 무취의 액체상 호르몬이다.
② 국화보다 카네이션이 에틸렌에 민감하게 반응한다.
③ 식물의 노화억제 호르몬이다.
④ 에틸렌에 대한 민감도는 고온에서 감소된다.

42 서양식 꽃꽂이에 대한 설명으로 틀린 것은?

① 대부분의 형태가 선과 여백을 중요시한다.
② 일반적으로 미국식 꽃꽂이와 유럽식 꽃꽂이로 크게 나눌 수 있다.
③ 주요 골격은 직선구성, 매스구성, 곡선구성, 입체구성 등이다.
④ 디자인의 요소가 원리를 표현한다.

43 소나무 전나무 껍질을 잘게 부수어 만든 것으로 서양란의 식재 재료로 많이 이용되는 것은?

① 펄라이트(perlite)
② 피트모스(peat moss)
③ 질석(vermiculite)
④ 바크(bark)

44 꽃다발(bouquet)의 제작방법에 대한 설명으로 틀린 것은?

① 핸드타이드 부케는 절화, 절지, 절엽의 자연줄기가 모이는 부분을 끈으로 묶어 주는 제작 방법이다.
② 부케 홀더를 이용한 부케는 플로랄 폼이 있는 홀도에 꽃꽂이 하듯이 꽃을 꽂아 꽃다발 형태를 만드는 방법이다.
③ 와이어링 부케는 절화줄기를 자르고 그 대신 철사를 꽂아 넣어 다발로 만들거나 엮어 만드는 방법이다.
④ 꽃줄기 대신에 철사 줄기를 대체하여 만든 꽃다발은 가장 빠르게 만들 수 있으나 오래가지 못하는 특징이 있다.

정답 39④ 40③ 41② 42① 43④ 44④

45 화훼장식의 디자인 원리에 대한 설명으로 옳게 짝지어진 것은?

① 구성 – 일치감, 동일성과 관련된 구성 요소들을 배합하여 나타내는 미적 본질
② 조화 – 물리적, 시각적 안정감을 주는 배치에 의해 이루어지는 원리
③ 균형 – 소재들 간의 상대적인 크기의 관계
④ 강조 – 부분적이고 소극적으로 특정 부분을 강하게 표현

46 형태에 따른 분류에서 선형(line)꽃에 속하지 않는 것은?

① 글라디올러스
② 리아트리스
③ 스토크
④ 카틀레야

47 화훼장식의 디자인 요소 중 무엇에 관한 설명인가?

> 형태의 윤곽 즉 모양과 구조, 넓이, 높이, 깊이를 분명하게 제공해 주며, 방향성을 지니고 있는 특성이 있다.

① 선(line)
② 형태(form)
③ 공간(space)
④ 질감(texture)

48 낚시 바늘 모양으로 구부린 철사를 꽃 중심에 꽂아 줄기 안으로 밀어 넣는 철사 처리법은?

① 피어싱(piercing)법
② 인서션(insertion)법
③ 후킹(hooking)법
④ 크로싱(crossing)법

49 화훼장식 디자인의 조형 형태에 대한 설명 중 틀린 것은?

① 장식적 구성은 식물이 자연의 식생에서 보여 주고 있는 모습과는 관계없이 디자이너의 의도로 소재를 자유롭게 구성하는 방법이다.
② 식생적 구성은 식물의 생리, 생태적인 면을 고려하여 식물이 자연상태에서 살아있는 것과 같은 형태로 조형하는 방법이다.
③ 형선적 구성은 형 또는 매스를 최소로 표현하고 여백을 이용하여 꽃, 잎, 줄기의 아름다움을 강조한다.
④ 꽃꽂이의 입체적인 형태는 측면에서 바라본 모습을 기준으로 하여 조형 형태를 구분한다.

정답 45 ④ 46 ④ 47 ① 48 ③ 49 ④

50 서양의 시대별 화훼장식의 특징으로 틀린 것은?

① 고대 이집트 - 질서있고 간결한 디자인으로 리스나 갈란드가 있었다.
② 바로크 - 화려한 꽃 장식으로 선명한 색을 많이 사용하였다.
③ 로코코 - 엘레강스한 디자인으로 파스텔보다 흰색을 주로 사용하였다.
④ 빅토리안 - 야채와 과일을 곁들인 디자인으로 아트 플라워도 사용하였다.

51 화훼가공에 대한 설명으로 옳은 것은?

① 자연건조에 적합한 꽃은 튤립이다.
② 향이 좋은 식물체를 건조하여 감상하는 것을 토피어리라 한다.
③ 글리세린 건조법에서 물과 글리세린의 혼합비율은 1:5가 적합하다.
④ 수산화칼륨(KOH)은 망사잎(skeletonizing leaves)의 가공에 사용되는 약제이다.

52 아마릴리스의 학명 표기가 바르게 된 것은?

① Hippeastrum hybridum *Hort.*
② Hippeastrum *Hybridum* Hort.
③ *Hippeastrum Hybridum* Hort.
④ *Hippeastrum hybridum* Hort.

53 황금비율을 가장 바르게 나열한 것은?

① 8 : 5 : 3   ② 8 : 6 : 3
③ 8 : 4 : 1   ④ 8 : 5 : 1

54 다음 중 식물이 휴면(dormancy)을 하는 이유로 가장 적합한 것은?

① 스스로 불량환경을 극복하기 위해서
② 병충해를 방지하기 위해서
③ 자손을 남기기 위하여
④ 생산된 에너지를 저장하기 위해서

55 방사선 배열에 대한 설명으로 옳은 것은?

① 한 개의 초점에서 부챗살처럼 사방으로 펼쳐지는 배열이다.
② 여러 개의 줄기가 같은 방향으로 뻗어가는 배열이다.
③ 여러 개의 초점에서 나온 선이 각각 여러 각도 방향으로 뻗어나가는 배열이다.
④ 교차선 배열에서 발전된 형으로 선의 흐림이 구부러지고 휘감기는 배열이다.

56 다음 중 장미꽃의 와이어링 처리법으로 가장 적합한 것은?

① 트위스트(twist) 법
② 피어스(pierce) 법
③ 루핑(looping) 법
④ 후크(hook) 법

정답 50 ③ 51 ④ 52 ④ 53 ① 54 ① 55 ① 56 ②

57 구조적 디자인(structured)의 설명으로 가장 옳은 것은?

① 꽃, 잎 그리고 줄기의 표면 질감을 중요한 요소로 사용하는 디자인이다.
② 한가지 주요 소재로만 디자인하여 강조한다.
③ 식생적 디자인의 일종이다.
④ 식물의 생리와 생태적인 면을 고려한 디자인이다.

58 절화의 물올림 촉진법에 대한 설명으로 틀린 것은?

① 재절단이란 줄기 끝의 잘린 부분을 물에 꽂기 전에 다시 한번 자르는 것을 말한다.
② 탄화처리란 줄기 절단면의 1~2cm 정도를 불에 태운 다음 찬물에 넣는 것이다.
③ 열탕처리는 절화 줄기의 중간까지 50~60℃의 물에 수초간 담갔다가 꺼내서 찬물에서 물올림하는 방법이다.
④ 재수화는 수분 스트레스를 받은 절화에 물올림을 촉진하여 절화의 팽만성을 회복시키는 것이다.

59 오늘날에도 많이 이용되는 화관, 리스, 갈란드, 칼라 등의 절화장식물이 일상적으로 이용되기 시작한 시대는?

① 고대 이집트
② 고대 그리스
③ 로마
④ 중세

60 식물의 식생적인 모습을 보여주기 보다는 디자이너의 의도로 소재를 자유롭게 인위적으로 구성하여 장식성이 높은 자유로운 형태를 구축하는 화훼장식의 구성형식은?

① 장식적 구성
② 식생적 구성
③ 구조적 구성
④ 선형적 구성

정답 57 ① 58 ③ 59 ① 60 ①

화훼장식기능사 최신 출제예상문제 3회

01 가을에 파종하는 1년생 초본으로 짝지어진 것은?

① 나팔꽃, 미모사, 아게라덤
② 데이지, 금어초, 패랭이꽃
③ 군자란, 베고니아, 거베라
④ 루나리아, 접시꽃, 달맞이꽃

02 달리아에 대한 설명으로 옳은 것은?

① 추식구근이다.
② 내한성이 강한 편이다.
③ 구근류의 분류상 괴근에 속한다.
④ 줄기가 비대해져 알뿌리 모양으로 된 것이다.

03 절지용으로 이용되지 않는 식물은?

① 개나리
② 철쭉
③ 삼지닥나무
④ 부바르디아

04 낮의 길이보다 밤의 길이가 짧을 때 꽃이 피는 종류의 식물은?

① 음지식물
② 장일성 식물
③ 중성식물
④ 단일성 식물

05 사막과 같이 건조한 환경에 강한 식물로 통통한 잎과 독특한 외관이 특징인 소재는?

① 고산식물
② 구근류
③ 화목류
④ 다육식물

06 화훼장식의 부재료에 대한 설명으로 옳은 것은?

① 철사는 재료를 지탱할 수 있는 범위 내에서 가장 가는 것을 선택한다.
② 흡수성 플로랄 폼 사용 시 물이 빨리 흡수되도록 위에서 물을 붓는다.
③ 유리용기를 사용할 경우 반드시 접착 점토를 이용한다.
④ 글루건은 글루펜에 비해 여러 사람이 공용으로 사용하기 용이하다.

07 도구 및 부재료의 보관 방법으로 적합하지 않은 것은?

① 리본 및 포장지는 광선에 의해 변색되기 쉬우므로 광과 습기가 들어가지 않는 장소에 보관한다.
② 스프레이는 화재 위험이 없는 곳에 보관한다.
③ 플로랄 테이프는 접착성 물질이 굳지 않도록 따뜻한 곳에 보관한다.
④ 플로랄 폼은 상자에 넣은 채로 건조한 곳에 보관한다.

정답 01 ② 02 ③ 03 ④ 04 ② 05 ④ 06 ① 07 ③

08 다음 중 건조용 소재별 주요 이용 부위로 틀린 것은?

① 장미 – 꽃
② 아킬레아 – 잎
③ 라그라스 – 이삭
④ 연밥 – 열매

09 난꽃의 특징에서 나타나는 용어가 아닌 것은?

① 꽃술대(예주)   ② 약모
③ 통상화   ④ 순판

10 리스(wreath)에 대한 설명으로 틀린 것은?

① 크기와 두께의 비율이 적절해야 아름답게 제작될 수 있다.
② 리스의 몸체는 리스 장식과 조화롭게 어울려야 한다.
③ 원형을 이루면서 디자인의 요소와 원리에 맞게 제작한다.
④ 정적인 장식이며, 둥근 모양에 어울리게 느슨하게 제작해야 한다.

11 라인 플라워에 대한 설명으로 옳지 않은 것은?

① 곧은 줄기 끝에 꽃이 하나씩 달린 것으로 작품에 쉽게 부피와 중량감을 줄 수 있다.
② 여러 송이의 꽃이 달린, 크고 긴 형태로 높이, 넓이, 깊이를 효과적으로 연출할 수 있다.
③ 작품의 골격, 모양, 크기를 정하는 데 사용되기 때문에 디자인에서 제일 먼저 배치한다.
④ 작품의 초점에서부터 주변에 이르기까지 시선의 이동을 유도하는 선을 제공한다.

12 식물 학명의 설명으로 틀린 것은?

① 잎이 가지고 있는 특성에 따라서만 분류하고 있다.
② 식물의 생긴 모양이 같은 것과 공통의 유전자를 가진 식물로 분류하고 있다.
③ 속명의 분류 기준은 산지와 특징, 습성이다.
④ 종명은 식물을 계통별로 분류할 수 있는 가장 기본적인 단위이다.

13 다음 중 유한화서에 속하는 것은?

① 수상화서   ② 총상화서
③ 취산화서   ④ 산방화서

14 식물을 분류 단위가 작은 단위에서 큰 단위로 연결된 것 중 옳은 것은?

① 종–과–속–목–강–문–계
② 과–목–강–문–종–속–계
③ 종–속–과–목–강–문–계
④ 계–종–속–과–목–강–문

정답 08 ② 09 ③ 10 ④ 11 ① 12 ① 13 ③ 14 ③

15 절화의 수명이 미치는 당(糖, sugars)의 효과에 대한 설명으로 적절하지 않은 것은?

① 광합성 과정을 통해 식물 조직의 성장과 신진대사 작용을 위해 당분을 제공한다.
② 식물조직은 활력과 특히 호흡작용을 돕기 위하여 당분이 필요하다.
③ 당분은 절화에서 노화를 지연시키는 작용을 하는 주요 영양분의 근원이다.
④ 당은 절화의 호흡기질로 이용되기 때문에 노화를 촉진시킨다.

16 테라리움의 설명으로 적절하지 않은 것은?

① 테라리움에 사용되는 용기는 완전히 막힌 밀폐식과 구멍이 뚫린 개폐식이 있다.
② 식물의 광합성을 위해 충분한 광선을 받을 수 있는 장소를 선택해야 한다.
③ 가벼운 용기일 경우 하루 10시간 이상 햇볕이 잘 드는 쪽으로 옮겨 주어야 한다.
④ 식물 생장에 필요한 공간, 공기, 수분과 토양을 넣을 수 있는 용기면 적당하다.

17 서양의 시대별 화훼장식의 특징으로 틀린 것은?

① 고대 이집트 – 질서 있고 간결한 디자인으로 리스나 갈란드가 있었다.
② 바로크 – 화려한 꽃 장식으로 선명한 색을 많이 사용하였다.
③ 로코코 – 엘레강스한 디자인으로 파스텔보다 원색을 주로 사용하였다.
④ 빅토리안 – 야채와 과일을 곁들인 디자인으로 아트 플라워도 사용하였다.

18 냉장 보관 하지 않아야 하는 꽃은?

① 히아신스   ② 나팔수선
③ 튤립   ④ 안스리움

19 배양토의 종류 중 광물질 재료에 대한 설명으로 틀린 것은?

① 버미큘라이트 – 질석을 약 1,000℃ 정도로 가열하여 입자 내의 공극을 팽창시킨 것
② 펄라이트 – 진주암을 약 1,000℃ 정도에서 부풀게 한 것
③ 암면 – 약 1,500℃에서 응용된 암석을 섬유상으로 가공한 것
④ 하이드로볼 – 1,800℃ 전후의 온도에서 현무암을 구운 다공질의 소재

20 다음 중 공간장식 계획에서 가장 먼저 고려하여야 하는 것은?

① 화훼장식의 양감 구성
② 화훼장식을 할 대상 공간의 특징 및 규모 파악
③ 화훼장식 재료의 색채와 질감 선택
④ 화훼장식의 형태 결정

정답 15 ④ 16 ③ 17 ③ 18 ④ 19 ④ 20 ②

21 선(line)에 대한 설명으로 거리가 먼 것은?

① 곡선은 유동적인 연속성을 가지고 있다.
② 수평선은 안정되어 보이는 반면 권태로운 단점도 있다.
③ 사선은 강한 에너지의 운동성을 지닌다.
④ 수직선은 높이가 강조되며 여성적이며 유연한 느낌을 준다.

22 포멀리니어에 대한 설명으로 틀린 것은?

① 소재의 다른 부분인 반대의 선을 대비시켜 강하게 표현한다.
② 응축된 형태와 선을 명확히 구분한다.
③ 유러피언 디자인 중 가장 동양적인 형태의 개념에 가까운 디자인이다.
④ 포멀리니어 디자인은 한 방향에서만 볼 수 있는 어레인지먼트이다.

23 다음 중 절화의 수확 적기로 틀린 것은?

① 안개초는 80~90% 개화되었을 때 수확한다.
② 리시안셔스는 첫 번째 꽃이 개화하고 나머지는 봉오리 상태일 때 수확한다.
③ 스토크는 대부분의 꽃들이 개화했을 때가 수확 적기이다.
④ 스타티스는 대부분의 꽃들이 개화했을 때 수확한다.

24 화훼장식의 표현기법 중 조닝에 해당하는 설명으로 가장 적합한 것은?

① 입체감과 깊이감을 주기 위해 유사한 소재를 앞뒤에 꽂는 기법이다.
② 줄기가 짧은 소재를 한데 모아 언덕의 효과를 내는 기법이다.
③ 소재를 한 겹 한 겹 쌓거나 말뚝박기 하듯 쌓는 기법이다.
④ 특정 소재를 다른 소재와 분리시킴으로써 제작 시 빈 공간이 존재하게 연출하는 기법이다.

25 베이싱(basing) 기법에 대한 설명으로 가장 적합한 것은?

① 초점으로 정해진 곳에 선을 이용한 수평 또는 수직 공간을 구성해 주는 기법이다.
② 덩어리를 강조하기 위하여 소재들 사이의 공간을 제거하고 빈틈없이 모아주는 기법이다.
③ 병렬식 구성에서 밑처리 과정에 선과 공간을 제공해 주는 기본 재료로 사용된다.
④ 작품의 밑부분을 섬세하게 표현하여 강한 시각적인 강조를 주는 기법이다.

정답 21 ④ 22 ④ 23 ③ 24 ④ 25 ④

26 소국이나 과꽃 등 부케를 제작할 때 와이어 끝을 1cm가량 구부려 제작하는 철사 처리 방법은?

① 후킹(hooking)
② 소잉(sewing)
③ 트위스팅(twisting)
④ 피어싱(piercing)

27 리듬에 관한 설명으로 옳은 것은?

① 강약이 반복될 때는 리듬을 나타내기 어렵다.
② 꽃의 크기, 길이의 변화, 굵고 가늘음, 간격은 리듬을 나타내지 못한다.
③ 조형상의 색, 형태, 색, 선 등이 반복적으로 나타나는 것을 말한다.
④ 시선을 유도하는 데 옅은 색에서 강한 색으로 표현한다.

28 절화처리 방법으로 바르지 않은 것은?

① STS제는 절화의 에틸렌 작용을 억제하는 효과가 매우 높다.
② 장거리 운송용인 절화의 경우에는 조기에 채화하여 반드시 후처리해 주어야 한다.
③ 장거리 운송용인 절화의 경우에는 조기에 채화하여 반드시 전처리해 주어야 한다.
③ 채화 후 절화를 고온 보관 하는 것은 절화 수명 단축의 원인이 된다.

29 장일식물에 대한 설명으로 적절하지 않은 것은?

① 아열대, 열대 등과 같이 온도가 높은 지방을 원산지로 하는 식물이 많다.
② 보리, 상추, 백합 등과 같이 봄에 꽃이 피는 식물에 많다.
③ 온대, 한대 등과 같이 위도가 높은 지방을 원산지로 하는 식물이 많다.
④ 장일식물은 가을에 파종하면 다음 해 봄에 개화한다.

30 뉴컨벤션 디자인 설명으로 틀린 것은?

① 반사되는 선들은 보통 수직적인 선보다 길다.
② 뉴컨벤션 디자인은 수평과 수직, 두 개의 평행 그룹핑을 가지고 있다.
③ 강한 하나의 수직선과 직각, 전후, 옆면 등 수평선 네 개의 결합이다.
④ 선형 양식의 디자인으로 구성된 L자형에 근거를 둔 새로운 양식이다.

31 꽃을 건조시키는 방법 중 실리카겔을 사용하고 소재가 압력에 의해 파손되는 것을 주의해야 하는 건조 방법은?

① 열풍건조 ② 동결건조
③ 매몰건조 ④ 자연건조

정답 26 ② 27 ④ 28 ② 29 ① 30 ① 31 ③

32 화훼장식 디자인 원리 중 조화(harmony)에 대한 설명으로 적절하지 않은 것은?

① 작품 구성을 위해 선택된 꽃들은 크기, 색상, 질감, 형태 등 서로가 조화를 이루어야 한다.
② 디자인의 모든 요소와 원칙을 적절하게 사용하여 조화시키는 것이다.
③ 잎의 크기, 형태, 질감 등도 사용할 주제를 잘 받쳐 주면서 조화를 이루어야 한다.
④ 작품에 사용할 화기는 디자인의 모든 요소에는 큰 영향을 미치지 못한다.

33 디자인 요소에 대한 설명으로 옳은 것은?

① 색채 – 반사된 광선들에 대한 눈의 시각적 반응으로 심리적 호소력이 없다.
② 선 – 디자인을 구성하기 위한 기본 단위로 작가의 감정을 전달하기 어렵다.
③ 형태 – 높이와 너비의 2차원적 모양으로 디자인의 중요한 요소다.
④ 질감 – 사용되는 꽃 소재나 재료의 느낌으로 심미적인 시각전달 효과가 있다.

34 색에 의해서 사람의 관심을 끄는 주목성의 특징으로 옳은 것은?

① 따뜻한 난색은 차가운 한색보다 주목성이 높다.
② 명시성이 낮은 색은 주목성이 높아지게 된다.
③ 명도와 채도가 높은 색은 주목성이 낮다.
④ 빨강, 노랑 등과 같은 원색일수록 주목성이 낮다.

35 갖춘꽃이 구비하여야 할 필수적 기관이 아닌 것은?

① 암술과 수술　② 꽃받침
③ 꽃잎　　　　　④ 불염포

36 다음 중 식물 구조 및 식물의 생장 과정을 자연스럽게 표현하여 주는 자연적 스타일의 조형 형태는?

① 평행적 스타일
② 식물학적 스타일
③ 정원식 스타일
④ 자연장식적 스타일

37 구성의 밑부분에 색다른 질감과 시각적인 비중을 더해 줌으로써 좀 더 강한 흥미와 외형적 안정성의 기반이 되는 화훼장식 표현기법으로 거리가 먼 것은?

① 테러싱　　② 파베
③ 필로잉　　④ 쉐도잉

정답　32 ④　33 ④　34 ①　35 ④　36 ②　37 ④

38 우리나라의 전통 화훼장식에 관한 설명으로 옳은 것은?

① 압화사는 고려시대의 꽃을 거두는 벼슬아치이다.
② 꽃꽂이 방법이 소개된 임원십육지는 홍석모의 저서이다.
③ 한 화기에 두 개의 침봉을 사용한 것을 분리형이라 한다.
④ 주지의 삼각 구성 이론은 동양 사상인 오방색에 근거를 두고 있다.

39 개더링(gathering) 기법으로 한 송이 장미꽃에 다른 장미 꽃잎을 붙여 큰 송이 장미꽃처럼 만드는 것은?

① 로즈멜리아
② 노즈게이
③ 비더마이어
④ 유칼리로즈

40 와이어에 플로랄 테이프를 감고 다시 그 위에 리본을 감은 후 와이어의 양 끝을 꼬아 숫자나 이니셜 모양을 만들어 활용할 수 있는 리본 작업은?

① 컬리큐즈(curlicues)
② 레인보우 워크(rainbow work)
③ 롤드 리본(rolled ribbon)
④ 스파클 보(spakle bow)

41 먼셀 표색계에 대한 설명으로 옳은 것은?

① 채도 단계에서 회색을 시작점으로 놓고 0이라 표기한다.
② 4가지 색상을 기본색으로 사용하였다.
③ 색상, 명도, 채도의 기호는 각각 H, C, V이다.
④ 색상, 명도, 채도를 표기하는 순서는 H, C, V이다.

42 깊이감을 주는 방법이 아닌 것은?

① 줄기 선의 각도를 조절한다.
② 꽃을 부분적으로 겹치게 배열한다.
③ 색, 크기, 질감의 변화를 이용한다.
④ 선명하고 짙은 색은 뒷부분에 높게, 옅고 가벼운 색은 앞부분에 낮게 배치한다.

43 어떤 색이 둘러싸인 색상에 의해 본래의 색과는 다르게 보이며, 두 가지 이상의 색을 동시에 볼 때 일어나는 현상은?

① 연변대비
② 계시대비
③ 동시대비
④ 색상대비

44 대칭 디자인에 대한 설명이 아닌 것은?

① 매우 안정된 형태이다.
② 견고하고 균형 잡힌 느낌을 준다.
③ 기하학적인 중심축과 대칭축은 일치하지 않는다.
④ 좌우 대칭이 되도록 시각적인 무게감이 균등하게 배열한다.

정답 38 ③ 39 ① 40 ① 41 ③ 42 ④ 43 ③ 44 ③

45 장미의 꽃목굽음이 일어나는 주요 요인으로 옳은 것은?

① 절화의 수분 균형이 깨져 발생하는 현상이다.
② 기온이 떨어지는 겨울에 채화할 때 일어나는 현상이다.
③ 조기 채화 시 전처리를 하여 일어나는 현상이다.
④ 수분 공급이 지나치게 되면 발생하는 현상이다.

46 수확 후 예냉에 관한 설명으로 옳은 것은?

① 꽃의 색이 더욱 선명해지고 오래 유지된다.
② 호흡작용, 증산작용을 억제시켜 절화의 수명 연장에 도움이 된다.
③ 품질 유지 기간이 2배 이상 길어진다.
④ 에틸렌 작용을 완벽하게 차단한다.

47 조선시대의 화훼장식에 대한 저자와 책이 바르게 짝지어진 것은?

① 허균 – 양화소록
② 홍만선 – 산림경제
③ 서유구 – 성소복부고
④ 강희안 – 임원십육지

48 황금비율을 가장 바르게 나열한 것은?

① 8:4:1 ② 8:5:3
③ 8:5:1 ④ 8:6:2

49 화훼가공에 관한 설명으로 옳은 것은?

① 자연건조에 적합한 꽃은 튤립이다.
② 향이 좋은 식물체를 건조하여 감상하는 것을 토피어리라 한다.
③ 글리세린 건조법에서 물과 글리세린의 혼합 비율은 1:5가 적합하다.
④ 수산화칼륨은 망사잎의 가공에 사용되는 약제이다.

50 방사선 배열에 대한 설명으로 옳은 것은?

① 여러 개의 줄기가 같은 방향으로 뻗어 가는 배열이다.
② 교차선 배열에서 발전된 형으로 선의 흐름이 구부러지고 휘감기는 배열이다.
③ 여러 개의 초점에서 나온 선이 각각 여러 각도, 방향으로 뻗어 나가는 배열이다.
④ 한 개의 초점에서 부챗살처럼 사방으로 펼쳐지는 배열이다.

51 다음 중 비대칭적인 균형을 가장 효과적으로 나타낼 수 있는 디자인은?

① 라운드   ② 원추형
③ 피라미드형 ④ 호가스형

정답 45 ① 46 ② 47 ② 48 ② 49 ④ 50 ④ 51 ④

52 에틸렌 발생의 원인에 대한 설명으로 틀린 것은?

① 포장 시 취급하는 폴리에틸렌 필름, 플라스틱 조화, 포장용 끈 등이 원인이 된다.
② 오래되고 시든 절화가 있으면 발생한다.
③ 좁은 공간 내 열원이 가까이 있으면 발생한다.
④ 통풍이 너무 잘되어도 발생한다.

53 염색화 제작 시에 사용되는 표백제가 아닌 것은?

① 하이포아염소산염
② 구연산
③ 아염소산나트륨
④ 과산화수소

54 화훼장식 디자인에서 유사색을 사용하여 연속적으로 되풀이되는 변화를 주어 시각적인 즐거움을 주는 것은 다음 디자인 원리 중 어느 것과 관계있는가?

① 리듬
② 강조
③ 균형
④ 비례

55 다음 중 화훼장식에 대한 일반적인 설명으로 틀린 것은?

① 화훼는 관상을 대상으로 하는 초본식물과 목본식물을 총괄하는 식물을 말한다.
② 꽃꽂이, 꽃 예술, 화훼디자인 등에서는 절화보다는 분식물을 이용한 장식이 주류를 이루고 있다.
③ 장식물의 배치 공간에 따라 실내 장식과 실외장식으로 나눌 수 있다.
④ 화훼장식은 화훼식물을 주 소재로 인간의 창의력과 표현 능력을 이용하여 공간의 기능과 미적 효율성을 높여 주는 장식물 제작, 설치, 유지 관리하는 기술을 말한다.

56 황갈색의 가벼운 종려 섬유질로 매듭 또는 보를 만들어 장식하거나 묶는 용도로 사용되는 것은?

① 라피아
② 플로랄 테이프
③ 카파 와이어
④ 지철사

57 수덕사 대웅전에 그려진 야화도에 나타난 식물은?

① 연꽃
② 부들
③ 어송화
④ 작약

정답 52 ④ 53 ② 54 ① 55 ② 56 ① 57 ④

58 절화의 수명 단축에 관여하는 요인과 수명 연장 방법에 대한 설명으로 틀린 것은?

① 공기 중의 에틸렌가스 농도가 높아지면 잎의 황화와 노화가 촉진된다.
② 공중 습도가 90% 이상으로 지나치게 높은 상태에서 기온이 상승하면 꽃이 부패하기 쉽다.
③ 물의 흡수 면적을 넓혀 주기 위해 절단면이 90°가 되도록 자른다.
④ 질산은과 티오황산은 용액은 에틸렌가스 발생을 억제시킨다.

59 근조용 헌화장식은 조형예술로서 화훼장식의 구체적인 효과 중 어디에 해당하는가?

① 의료적 효과
② 교육적 효과
③ 심리적 효과
④ 의사전달 효과

60 통일신라시대의 석굴암 십일면관음보살 입상에 나타난 헌공화의 형태는?

① 타원형　　② 삼각형
③ 직사각형　④ 정사각형

정답　58 ③　59 ④　60 ②

화훼장식기능사 필기·실기

발 행 일	2026년 1월 10일 개정4판 1쇄 인쇄
	2026년 1월 20일 개정4판 1쇄 발행
저 자	김록영
발 행 처	크라운출판사
	http://www.crownbook.co.kr
발 행 인	李尙原
신고번호	제 300-2007-143호
주 소	서울시 종로구 율곡로13길 21
공 급 처	(02) 765-4787, 1566-5937
전 화	(02) 745-0311~3
팩 스	(02) 743-2688, 02) 741-3231
홈페이지	www.crownbook.co.kr
I S B N	978-89-406-4983-1 / 13520

저자협의
인지생략

특별판매정가 23,000원

이 도서의 판권은 크라운출판사에 있으며, 수록된 내용은
무단으로 복제, 변형하여 사용할 수 없습니다.
Copyright CROWN. ⓒ 2026 Printed in Korea

이 도서의 문의를 편집부(02-6430-7028)로 연락주시면
친절하게 응답해 드립니다.